助力乡村振兴
出版计划

【现代种植业实用技术系列】

十字花科蔬菜
优质高效
栽培技术

主　　编	张其安			
副 主 编	王明霞	俞飞飞		
编写人员	严从生	江海坤	葛治欢	陈红莉
	王　杰	刘荣胜	叶　超	杨许琴
	张振云	张月林		

时代出版传媒股份有限公司
安徽科学技术出版社

图书在版编目(CIP)数据

十字花科蔬菜优质高效栽培技术 / 张其安主编.
--合肥:安徽科学技术出版社,2024.1
助力乡村振兴出版计划.现代种植业实用技术系列
ISBN 978-7-5337-8842-1

Ⅰ.①十…　Ⅱ.①张…　Ⅲ.①十字花科-蔬菜园艺
Ⅳ.①S63

中国国家版本馆 CIP 数据核字(2023)第 215323 号

十字花科蔬菜优质高效栽培技术　　　　　　　　　　　　　　　主编　张其安

出 版 人:王筱文　　　　　选题策划:丁凌云　蒋贤骏　王筱文
责任编辑:赵燕琼　李志成　责任校对:李　茜　　责任印制:梁东兵
装帧设计:王　艳
出版发行:安徽科学技术出版社　　　　http://www.ahstp.net
　　　　(合肥市政务文化新区翡翠路 1118 号出版传媒广场,邮编:230071)
　　　　电话:(0551)63533330
印　　制:安徽联众印刷有限公司　　电话:(0551)65661327
(如发现印装质量问题,影响阅读,请与印刷厂商联系调换)

开本:720×1010　1/16　　　印张:9　　　　字数:103 千
版次:2024 年 1 月第 1 版　　印次:2024 年 1 月第 1 次印刷

ISBN 978-7-5337-8842-1　　　　　　　　　定价:39.00 元

版权所有,侵权必究

"助力乡村振兴出版计划"编委会

主 任
查结联

副主任
陈爱军　罗　平　卢仕仁　许光友
徐义流　夏　涛　马占文　吴文胜
董　磊

委 员
胡忠明　李泽福　马传喜　李　红
操海群　莫国富　郭志学　李升和
郑　可　张克文　朱寒冬　王圣东
刘　凯

【现代种植业实用技术系列】

（本系列主要由安徽省农业科学院组织编写）

总主编：徐义流

副总主编：李泽福　杨前进　鲍立新

出版说明

　　"助力乡村振兴出版计划"（以下简称"本计划"）以习近平新时代中国特色社会主义思想为指导，是在全国脱贫攻坚目标任务完成并向全面推进乡村振兴转进的重要历史时刻，由中共安徽省委宣传部主持实施的一项重点出版项目。

　　本计划以服务乡村振兴事业为出版定位，围绕乡村产业振兴、人才振兴、文化振兴、生态振兴和组织振兴展开，由《现代种植业实用技术》《现代养殖业实用技术》《新型农民职业技能提升》《现代农业科技与管理》《现代乡村社会治理》五个子系列组成，主要内容涵盖特色养殖业和疾病防控技术、特色种植业及病虫害绿色防控技术、集体经济发展、休闲农业和乡村旅游融合发展、新型农业经营主体培育、农村环境生态化治理、农村基层党建等。选题组织力求满足乡村振兴实务需求，编写内容努力做到通俗易懂。

　　本计划的呈现形式是以图书为主的融媒体出版物。图书的主要读者对象是新型农民、县乡村基层干部、"三农"工作者。为扩大传播面、提高传播效率，与图书出版同步，配套制作了部分精品音视频，在每册图书封底放置二维码，供扫码使用，以适应广大农民朋友的移动阅读需求。

　　本计划的编写和出版，代表了当前农业科研成果转化和普及的新进展，凝聚了乡村社会治理研究者和实务者的集体智慧，在此谨向有关单位和个人致以衷心的感谢！

　　虽然我们始终秉持高水平策划、高质量编写的精品出版理念，但因水平所限仍会有诸多不足和错漏之处，敬请广大读者提出宝贵意见和建议，以便修订再版时改正。

本册编写说明

　　十字花科蔬菜易栽培，技术简便，易获稳产高产，在蔬菜栽培和供应中占有重要地位，是我国各地种植最广泛、食用最普遍的蔬菜种类。

　　十字花科蔬菜种类繁多，主要种植种类有：大白菜、普通白菜、乌菜、菜薹等白菜类，结球甘蓝、花椰菜、青花菜、芥蓝、球茎甘蓝等甘蓝类，萝卜、大头菜等根菜类，叶用芥菜、茎用芥菜等芥菜类，以及荠菜、独行菜、芝麻菜等其他十字花科蔬菜。

　　本书针对当前十字花科蔬菜生产中存在的用工多、机械化水平低、化肥农药投入过量、采后处理手段不完善等问题，在总结近年来优质高效技术研究成果和生产经验的基础上，分别介绍了白菜类、甘蓝类、根菜类、芥菜类以及其他类十字花科蔬菜在品种选择、栽培季节、整地施肥、播种育苗、栽培密度、田间管理、病虫防控、采收贮藏等方面的技术，为实现十字花科蔬菜生产绿色化、标准化、机械化、推进"两强一增"提供了技术支撑。

　　本书在编写过程中得到了十字花科蔬菜研究和生产领域的同行专家的支持，在此表示感谢。

目　录

第一章　白菜类蔬菜

白菜类蔬菜是指十字花科芸薹属芸薹种中的栽培亚种群，包含大白菜亚种和白菜亚种。常见的有大白菜、普通白菜、乌菜、白菜薹和紫菜薹等，均起源于中国。其以柔嫩的叶丛、叶球或花薹为可食用部位。喜冷凉气候和肥沃湿润土壤，适宜秋冬季栽培，大多数在栽培当年形成叶丛或叶球、花薹，第二年抽薹开花。白菜类蔬菜是我国最重要的蔬菜种类之一，其适应性广、容易种植，营养丰富，性平微寒、味甘，具有清火解热、养胃生津等功效。

▶ 第一节　大白菜

大白菜又称结球白菜、包心白菜，属于十字花科芸薹属芸薹种大白菜亚种，原产中国，为一年生、二年生草本植物。全国各地均有种植，但主产区在长江以北地区，种植面积占秋播蔬菜面积的30%～50%，是我国北方冬贮数量最大的蔬菜。

一　品种选择

选用抗病、优质丰产、抗逆性强、适应性广、商品性好的品种。一般情况下，早秋大白菜宜选用早熟耐热品种，晚秋大白菜宜选用优质早中熟品种，越冬大白菜应选用冬性强、耐抽薹的品种，春季大白菜宜选用冬性强、早熟、耐抽薹的品种，夏季大白菜宜选用耐热品种。

1.吉红娃娃

"吉红娃娃"是中国农业科学院蔬菜花卉研究所育成的大白菜一代杂种,早熟橘红心品种(图1-1)。生长期为65天左右,叶球合抱、筒形,球内叶见光后呈橘红色(腌渍后色泽鲜艳)。植株直立性好,叶片绿而无毛,株高约32厘米,开展度约为54厘米,球高30.3厘米,球宽18.7厘米,平均单株重3.2千克,净球重2.2千克。

图1-1　吉红娃娃

2.小杂56

"小杂56"是北京市农林科学院蔬菜研究中心育成的大白菜一代杂种,秋播大白菜品种(图1-2)。生长期为55～60天,生长势旺,株高约45厘米,开展度约为60厘米。叶球为高桩舒心直筒类型,球顶部黄色,球内叶浅黄色,球高约29厘米,球宽约14厘米,平均叶球重2.0千克。抗芜菁花叶病毒病和霜霉病。

图1-2　小杂56

3.丰抗60

"丰抗60"是山东登海种业股份有限公司西由种子分公司育成的大白

菜一代杂种。生长期为60天左右，叶色淡绿，叶面皱缩，球叶叠抱，叶球呈头球形，植株生长势旺，结球早而紧实，抗病，品质佳，味美，较耐热，商品性好，单株重2.0～3.0千克，也可作苗菜种植。

4.津绿75

"津绿75"是天津市农业科学院蔬菜研究所育成的大白菜一代杂种。生育期为75天左右，叶球为高桩直筒青麻叶类型。株高约55厘米，球高约50厘米，开展度约为62厘米，单株重3.0～3.5千克。株形直立紧凑，外叶少，叶色深绿，中肋浅绿色，球顶花心，叶纹适中，品质佳。每亩(1亩≈667平方米)种植2 400株，净菜产量为6 500～8 000千克。抗霜霉病和病毒病。

5.中白61

"中白61"是中国农业科学院蔬菜花卉研究所育成的大白菜一代杂种(图1-3)。早熟，生长期为60天左右，植株半直立，株型紧凑，外叶深绿，叶面稍皱、少毛。株高36.5厘米，开展度为56.0厘米，球叶叠抱，叶球呈短筒形，球叶浅绿，耐热、高产。球高27.3厘米，球径为15.4厘米，净球重2.2千克，净菜率为72%，球形指数(叶球高与横切面直径的比值)约为1.8。每亩净菜产量为5 500～6 000千克。抗病毒病、霜霉病和黑腐病。

图1-3　中白61

6.中白62

"中白62"是秋播早熟青麻叶类型品种(图1-4)。生长期为58天,株型直立,株高39厘米,开展度为57厘米。叶色深绿色,叶面无毛、有光泽,叶缘波褶小而浅,浅绿帮。叶球呈长筒形,顶部舒心。叶球重1.6千克,净菜率70.6%,球高35厘米,球径为13厘米,球形指数为2.7,外叶数为11片,球叶数为27片。高抗病毒病、霜霉病和黑腐病,不易发生"干烧心"现象。

图1-4 中白62

7.京春娃2号

"京春娃2号"是北京市农林科学院蔬菜研究中心选育的大白菜一代杂种(图1-5)。极早熟,定植后45～50天收获。株型较直立,适于密植,每亩种植12 000株以上。耐先期抽薹性强,抗病毒病、霜霉病和黑腐病。株高30厘米,开展度为34厘米,外叶深绿色,叶柄白色,球叶合抱,叶球呈炮弹形,球内叶浅黄色,球高22.5厘米,球径为9.8厘米,球形指数为2.3,单球重

0.6千克,净菜率为63.6%,每亩净菜产量达5 000千克。

图1-5 京春娃2号

8.京春娃3号

"京春娃3号"是北京市农林科学院蔬菜研究中心选育的大白菜一代杂种(图1-6)。定植后50～55天收获,株型小,较直立,适宜密植,每亩可定植10 000～12 000株。外叶深绿色,叶球呈筒形,球叶叠抱,球内叶深黄色,球高约21.9厘米,球径为10.2厘米,球形指数为2.1,单球重0.7千克。晚抽薹,抗病毒病、霜霉病和软腐病。适宜低海拔平原地区春秋季种植、高海拔地区夏季种植。

图1-6 京春娃3号

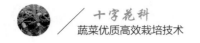
9.夏丰

"夏丰"是江苏省农业科学院蔬菜研究所育成的夏大白菜一代杂种。株高30厘米,开展度为45厘米,株型紧凑,外叶小、深绿色,叶面无毛。叶球呈倒卵形,球叶叠抱,重0.75千克左右,净菜率为75%,叶柄较宽厚。生长期为45～50天,其中结球期为17～20天,结球后生长速度明显加快,耐高温,能在35 ℃下正常生长,耐湿性好。抗病毒病和霜霉病,品质较好。

二 栽培季节

大白菜是半耐寒植物,性喜冷凉,生长适宜温度为15～22 ℃。一般多在秋季栽培,其次是春季栽培。随着科技进步,根据市场需求,选用不同熟性品种并采用相应的配套技术,可以实现周年生产。

1.秋季或秋冬季栽培

全国各地以秋季或秋冬季栽培为正季栽培,安徽省一般在8月中旬至9月上旬播种,露地栽培,根据品种熟性不同,最早11月中下旬即可开始收获,可以采收至翌年2—3月份。

2.春季栽培

2月初至3月上旬在塑料小拱棚育苗,采用地膜覆盖定植,4月中下旬采收上市。也可于3月中下旬温度上升后播种,5月上中旬采收上市。

3.夏季栽培

一般于5月中旬至7月上旬播种育苗,由于夏季天气炎热不利于大白菜的生长,一般选择在海拔700米以上的高山冷凉地区种植越夏大白菜。越夏大白菜是于夏、秋之间上市的大白菜,此时正值蔬菜供应淡季,种植越夏大白菜,经济效益可观。

4.越冬栽培

一般于11月至翌年1月播种,此时温度较低,为防止温度过低引起先

期抽薹,应采用大棚加小拱棚保温育苗,翌年3—4月份可采收供应市场。

三 整地施肥

大白菜根系分布深广,生长量大,种植前应适当深翻土壤,深度为20～30厘米。施肥以基肥为主,基肥与追肥相结合。一般结合翻耕,每亩施腐熟厩肥4 000～5 000千克或商品有机肥500千克,氮磷钾三元复合肥(N–P–K为15-15-15)25千克或者尿素10千克、过磷酸钙50千克、硫酸钾10～15千克作基肥。土壤耙细耙平,然后做畦。畦有平畦、高畦及改良小高畦等。长江流域以北地区多采用高畦或平畦,高畦一般每畦栽一行,畦高12～15厘米,平畦每畦栽两行,畦宽依品种而定。长江流域以南地区多采用高畦,一般畦宽1.2～1.7米,畦长20～30米,畦沟深20～30厘米,沟宽40厘米左右。有条件的地方可以在整地做畦之后,及时铺设滴灌带,覆盖地膜,采用肥水一体化浇水施肥,这样既可以省工节水节肥,降低能耗,又可以降低湿度,减少病害发生,提高作物产量与品质。大白菜喜钙,要求微酸性至中性土壤,pH在6.5～7为宜,土壤过于酸性易发生根肿病和干烧心病,南方菜地土壤pH＜5时,可每亩施用生石灰100～150千克,以调节土壤pH和补充钙。

四 播种育苗

大白菜有直播与育苗移栽两种方式。直播根系发达,抗旱适应性强,抗病力较强,故秋季多采用直播。但如果前茬收获晚,不能适时播种,或者遇阴雨连绵或持续高温干旱,直播难以进行时,或者属于春季、夏季利用保护地栽培,则多采用育苗移栽的方式。

1.直播

直播又分为穴播和条播两种方法。穴播是按预定的行株距开穴,深度为2～3厘米、直径为10～15厘米,每穴播3～5粒种子,盖细土0.5～1厘米

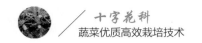

厚,整平压实,每亩用种量为100克左右。条播是按行距开深度为0.6~1.0厘米的浅沟,将种子均匀撒在沟内,盖土平沟,每亩用种量为150~200克。直播田块在播前要浇透底水。幼苗出土后,勤浇小水,保持地面湿润,并且要及时去除弱苗、劣苗、病苗。第一次间苗一般在拉十字期,第二次间苗在4~5片真叶期,待长到5~6片真叶时即可按预定株距定苗,穴播的每穴留1株幼苗。如在夏秋高温天气直播,播后可在墒面上覆盖遮阳网以遮阳、降温、保湿、防暴雨,待幼苗出土后揭除。早春低温天气直播,宜采取地膜覆盖,并加小拱棚覆盖。

2.育苗移栽

育苗畦是传统的育苗方式,其通风、降湿性较差,容易诱发病害。现在多采用穴盘育苗,此法较传统育苗方式省工节能,可进行高密度优质育苗。建议选用商品育苗基质和128孔或96孔穴盘进行育苗。为防止基质带菌,每立方米基质中可加50%多菌灵可湿性粉剂100克或75%百菌清可湿性粉剂200克,混拌均匀后备用。将消毒后的基质装入穴盘,使基质与盘面平齐,孔穴网格清晰可见,然后打孔播种,孔深度约为0.5厘米,每穴播1~2粒种子,播后覆盖基质或蛭石,喷淋浇水至穴盘底部渗出水滴为宜,上面覆盖一层薄膜(保温保湿)或遮阳网(降温保湿)。在冬春季低温条件下育苗要采取加温措施,一般在育苗的温室大棚预先铺设地热线,当棚温低于13 ℃时,采取地热线加温措施,将棚内温度控制在20~25 ℃;夏秋季高温条件下育苗要采取遮阳和防雨措施。待幼苗长至四叶一心至五叶一心时即可定植。育苗移栽的播种期一般比直播的早3~5天,每亩用种量为20~30克。

(五) 栽培密度

栽培密度因品种、气候、土壤和肥水条件等而异。一般熟性越晚,栽培

密度越小,大株型品种比小株型品种栽培密度小。在秋冬季种植大白菜,早熟品种每亩定植4 000 ~ 4 500株,中晚熟品种每亩定植3 000 ~ 3 300株;春季种植大白菜,每亩定植3 000 ~ 3 500株;夏季种植大白菜,每亩定植5 000株左右。

六　田间管理

1.追肥

根据不同生长阶段大白菜的吸肥量,适时、适量、精准施肥。追肥以施速效氮肥为主,并注意追施速效磷、钾肥。生长期追肥3 ~ 4次,一般根据土壤肥力和生长状况在莲座期及结球初期、中期分期追肥,追肥原则为"前轻后重"。收获前20天内不应使用速效氮肥。整个生产过程不应使用硝态氮肥。

(1)苗期:苗期生长量小,生长速度快,根系不发达,吸水、吸肥能力弱,若基肥施用充足一般不用追肥,针对弱苗可喷施0.2%尿素作为提苗肥。

(2)莲座期:进入莲座期,根会大量发生,叶片生长量大、生长速度快,此时是大白菜形成叶球的关键时期,对营养的需求也显著增加,用足量的速效肥料供应来保证莲座叶的强盛生长是优质高产栽培的关键。可以每亩追施尿素10 ~ 15千克、硫酸钾8 ~ 10千克,也可以结合肥水一体化设施随水追施高氮高钾型大量元素水溶肥8 ~ 10千克。

(3)结球期:结球期是整个营养生长期中生长时间最长、生长量最大、肥水吸收最多的时期。追肥的主要目的是促进叶球的生长,重点在结球初期和中期追肥。一般在开始包心时每亩追施高氮高钾型大量元素水溶肥15 ~ 20千克,或者尿素10千克、过磷酸钙和硫酸钾各10 ~ 15千克;晚熟品种结球过程中视生长情况,在结球中期补施高氮高钾型大量元素水溶

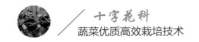
肥8~10千克。

此外,大白菜是喜钙作物,在不良环境中若管理不善容易出现生理性缺钙症状,发生干烧心病,严重影响大白菜的产量和品质。除基施含钙肥料(如过磷酸钙)外,在生长期还可叶面喷施0.3%氯化钙溶液或0.25%~0.5%硝酸钙溶液,可降低干烧心病的发生率。在结球初期喷施0.5%~1.0%尿素和0.2%磷酸二氢钾溶液,可提高大白菜的净菜率,提高其商品价值。

2.水分管理

大白菜的水分管理措施随当地雨量、土壤类型、品种、生长期及栽培方式的不同而不同,生产中应根据大白菜的生长情况灵活掌握。大白菜从苗期、莲座期至结球期需水量逐渐增加,一般砂壤土比黏壤土浇水次数和浇水量多,垄栽比平畦栽培浇水次数多。灌溉方式有沟灌、垄灌、畦灌、滴灌与喷灌,其中滴灌和喷灌比沟灌、垄灌、畦灌省水。此外,还需注意排水问题,特别是在雨水多的季节和地区,地面长期积水会使得大白菜根系呼吸受阻,严重影响植株生长,导致产量和品质普遍下降。因此,要建立良好的田间排水系统,如深沟高畦,三沟(畦沟、腰沟、围沟)配套,沟渠畅通,以防止形成涝渍。

(1)苗期:此期幼苗小、根系浅,吸水能力弱,因此需要小水勤浇,以保持土壤湿润,防止土壤干裂或板结,以利于根系发育。

(2)莲座期:大白菜一般在定苗或定植缓苗后外叶迅速生长并分化球叶进入莲座期,此时的水分管理对大白菜的产量影响很大。莲座期叶片面积迅速增大,蒸腾作用变强,对水分的吸收量增加,但为促进根际叶片的健壮发育,一般采取"蹲苗"的措施:在保证水分供应的情况下,适当减少浇水次数,控制浇水量,土壤见干见湿即可。此举可促使植株根系发育并向土壤深处扎根,使叶片生长更加健壮,提高植株抗旱能力,增强抗病能力。莲座期中期可以适当浇一次大水,然后进行一次深中耕,之后继续

控制好浇水量。

（3）结球期：从开始包心到收获前,这段时间主要是包心结球,需水量最多,须保证土壤有充足的水分,以保持土壤湿润为原则。但是在结球后期,采收前8～10天要停止浇水,以免大白菜内水分过多,不耐贮藏。

3.温度、光照管理

冬春季节采用设施栽培,棚内温度宜保持在18～20 ℃,根据天气情况及时揭膜透气。一般棚膜昼揭夜盖,冬春气温低于0 ℃时,晚上需设小拱棚覆盖保温,天晴时通风降湿。进入4月中下旬后可去掉裙膜,只留顶膜。夏秋季栽培时,如遇高温强光,需覆盖遮阳网或在棚膜上喷涂降温剂。

七 病虫害防控

1.防治原则

坚持"预防为主、综合防治"的原则,采用农业、物理、生物和化学措施相结合的综合防控技术。

常用的农业防治措施有:选择抗性强、高产、优质、适应性强的品种;播种前进行种子消毒处理,如温汤浸种、药剂浸（拌）种、干热消毒等措施,培育无病虫壮苗;与非十字花科作物实行2～3年的轮作或水旱轮作;夏季高温闷棚;加强田间肥水管理,注意清洁田园,及时去除田边、沟边杂草;合理密植,深翻土壤,中耕松土,高垄窄畦,三沟配套等。

常用的物理防治措施有:采用防虫网阻隔害虫;利用黄板、蓝板诱杀蚜虫、粉虱、蓟马等;利用太阳能频振灯诱杀金龟子、斜纹夜蛾、甜菜夜蛾等害虫的成虫。

常用的生物防治措施有:保护和利用天敌来防治病虫害,如利用丽蚜小蜂和食蚜瘿蚊控制温室白粉虱及菜蚜危害,利用胡瓜钝绥螨（捕食螨）防治蓟马、螨类危害等;利用性诱剂诱杀小菜蛾、斜纹夜蛾、甜菜夜蛾等;

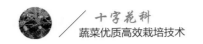

推广使用生物农药,如使用多抗霉素、春雷霉素、宁南霉素等生物制剂防治蔬菜病害。

进行化学防治时,严禁使用高毒、高残留农药,应优先选用低毒、低残留农药,严格执行农药的安全间隔期,确保产品质量安全。喷药必须细致周到,特别是叶片背面更应喷到。注意不同类型药剂应交替轮换使用,避免单一用药使病菌产生抗药性。

2.主要病害防治方法

大白菜的主要病害有霜霉病、病毒病、软腐病、黑斑病、黑腐病、菌核病、根肿病、干烧心病(心腐病)、芝麻症、干裂症。

(1)霜霉病:主要危害叶片,其次危害茎、花梗和种荚。苗期发病,叶片背面出现白色霜状霉层,叶片正面无明显症状,严重时叶片及茎变黄枯死。成株期一般先从外部叶片开始发病,最初叶片正面出现褪绿色小黄点,叶片背面呈水渍状,发病中期病斑逐渐扩大呈多角形至不规则形,色泽转为淡黄色至浅褐色,周围有黄色晕圈,背面有稀疏白色霉层;发病后期病斑扩展,受叶脉限制形成多角形病斑,色泽黄色至黄褐色。进入包心期后,若环境条件适宜,病情发展会很快,病斑迅速增加,叶片自外向内逐渐变黄干枯,最后只剩一个叶球,造成大白菜大面积减产。大白菜霜霉病在温度为15～25 ℃、湿度为70%以上时发病较为严重,阴雨、多雾、连阴天气更有利于该病的发生和蔓延。防治方法:①因地制宜选用抗病品种;②播种前使用种子重量0.3%～0.4%的65%代森锌可湿性粉剂或75%百菌清可湿性粉剂拌种,减少种子表面病菌;③采用高畦(垄)深沟栽培,合理密植,采用膜下滴灌,加强田间管理,减小田间湿度;④发病初期,选用木霉素1.5亿活孢子/克(快杀菌)可湿性粉剂400～800倍液喷雾防治,每隔7～10天喷施1次,连续喷施3～5次,可有效防治大白菜霜霉病;⑤发病初期及时用药可以有效控制病害的发生和发展,可用50%烯酰吗啉可湿性粉剂1 000倍液,或25%烯肟菌酯乳油2 000倍液,或25%嘧菌酯悬浮剂1 000倍液,或69%烯酰吗啉·代森锰锌可湿性粉剂1 000倍液,或50%霜脲氰可湿性粉剂1 500倍液,或72.2%霜霉威水剂800倍液,每隔5~7天喷施1次,连续喷施2~4次。

(2)病毒病:主要由芜菁花叶病毒、黄瓜花叶病毒、烟草花叶病毒、萝卜花叶病毒等一种或多种病毒侵染引起。各个生育期均能发病,苗期尤其是7叶以前为最易感期。苗期发病,心叶出现明脉并沿叶脉失绿,之后呈花叶并皱缩,重病植株均矮小;莲座期发病,叶片皱缩变硬变脆,上面常有许多褐色斑点,叶背主脉畸形,不能结球或结球松散;结球期发病,叶片有坏死褐斑;开花期发病,抽薹迟,影响正常开花结实。芜菁花叶病毒和黄瓜花叶病毒主要由蚜虫传毒,烟草花叶病毒主要靠汁液接触传毒。苗期如遇高温干旱,蚜虫大量发生,易诱发病毒病。防治方法:①选用抗病品种;②重病区适当推迟播种,加强苗期水分管理;③育苗时用防虫网阻隔蚜虫,用银灰色膜避蚜,及时喷药灭蚜;④发病初期,叶面喷施0.5%菇类蛋白多糖水剂(抗毒剂1号)300倍液,或1.5%十二烷基硫酸钠·硫酸铜·三十烷醇(植病灵)乳剂1 000倍液,或20%盐酸吗啉胍可湿性粉剂500倍液等,每隔10天喷施1次,连续喷施2~3次,有一定效果。

(3)软腐病:该病发生普遍,会引起植株腐烂。软腐病可在大白菜莲座期至包心期发生,依病菌侵染部位不同而表现出不同的症状。如病菌从根部伤口侵入,则破坏短缩茎的输导组织,造成根颈和叶柄基部呈黏滑湿状腐烂,外叶萎蔫脱落直至全株死亡;如病菌由叶柄基部伤口侵入,则病部呈水渍状,扩大后变为淡褐色软腐状;如病菌从叶缘或叶球顶端伤口侵入,引起腐烂,则干燥条件下腐烂的病叶失水变干,呈薄纸状,腐烂处有恶臭是本病特征。病菌通过雨水、灌溉水和昆虫传播。若大白菜结球期低温多雨,植株伤口过多,则发病严重。防治方法:①实行轮作和播前

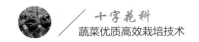

深耕晒土,合理灌溉和施肥,起垄栽培防止积水,及时拔除中心病株,用石灰进行土壤消毒;②用丰灵100克拌种,或用占种子重量1%~1.5%的3%中生菌素(农抗51)可湿性粉剂拌种;③在发病初期可喷洒新植霉素4 000倍液,或47%春雷·王铜(加瑞农)可湿性粉剂700~750倍液等,每隔10天喷施1次,连续喷施2~3次,可兼治大白菜黑腐病、细菌性角斑病、黑斑病等,但对铜制剂敏感的品种须慎用。

(4)黑斑病:主要危害叶片、叶柄,有时也危害花梗和种荚。叶片上的病斑近圆形,灰褐色或褐色,有明显的同心轮纹,常引起叶片穿孔,多个病斑会合,可致叶片干枯。叶柄上的病斑呈长梭形,暗褐色状凹陷。病菌分生孢子从受害叶片的气孔或直接穿透表皮侵入。发病后借风、雨水传播,使病害不断蔓延,在连阴雨天、湿度高、温度偏低时发病较重。防治方法:①与非十字花科蔬菜轮作;②用种子重量0.4%的50%福美双可湿性粉剂等拌种;③适期播种,增施磷、钾肥,适当控制水分,降低株间湿度,可减少发病;④用50%异菌脲(扑海因)可湿性粉剂1 500倍液,或64%噁霜·锰锌(杀毒矾)可湿性粉剂500倍液,或50%福·异菌可湿性粉剂800倍液,或75%百菌清可湿性粉剂500~600倍液等喷雾,每隔7天左右喷施1次,连续喷施3~4次。

(5)黑腐病:幼苗染病后子叶呈水渍状,根髓部变黑,幼苗枯死。成株染病会引起叶斑或黑脉,叶斑多从叶缘向内扩展,形成"V"形黄褐色枯斑,病部叶脉坏死变黑;有时病菌沿叶脉向里扩张,形成大块黄褐色斑或网状黑脉。与软腐病并发时易加速病情扩展,致茎或茎基腐烂,轻则可致根短缩,茎维管束变褐,严重时植株萎蔫或倾倒,纵切可见髓部中空。病原菌可随种子或病残体遗留在土壤中或采种株上越冬,而后在大白菜生长期通过病株、肥料、风、雨或农具等传播。防治方法:①选用抗病品种,从无病田或无病株上采种,进行种子消毒;②适时播种,不宜播种过早,收获后及时清洁田园;③发病初期喷洒新植霉素100～200毫克/升,或氯霉素50～100毫克/升,或14%络氨铜水剂350倍液等,但对铜制剂敏感的品种须慎用。

(6)菌核病:该病在长江流域及南方各地发生普遍。大白菜生长后期和采种株终花期后受害严重。田间成株发病,近地面的茎、叶柄和叶片上出现水渍状淡褐色斑,引起叶球或茎基软腐。采种株多先从基部老叶及叶柄处发病,病株茎上出现浅褐色凹陷病斑,后转为白色,终致皮层朽腐,纤维散乱如乱麻,茎中空,内生黑色鼠粪状菌核;种荚也受其害。在高湿条件下,病部表面长出白色棉絮状菌丝体和黑色菌核。病菌以菌核在土壤中或附着在采种株上、种子中越冬或越夏。病菌子囊孢子随风、雨传播,从寄主的花瓣、老叶或伤口侵入,通过病、健组织接触进行再侵染。防治方法:①选用无病种子,或播前用10%食盐水汰除菌核;②提倡与水稻或禾本科作物实行隔年轮作,清洁田园,深翻土地,增施磷、钾肥;③发病初期用50%腐霉利(速克灵)或50%异菌脲(扑海因)可湿性粉剂各1 500倍液,或50%乙烯菌核利(农利灵)可湿性粉剂1 000倍液,或40%多·硫悬浮剂500～600倍液等防治,每隔7天喷施1次,连续喷施2～3次。

(7)根肿病:此病在南方发生普遍,危害重。北方局部地区零星发生,寄主为十字花科蔬菜。幼苗和成株均可受害,患病初期植株生长迟缓、矮小,似缺水状,严重时病株枯死。病株主根和侧根出现肿瘤,一般呈纺锤形、手指状或不规则形,大小不等。初期瘤面光滑,后期粗糙、龟裂,易感染其他病菌而腐烂。病菌以休眠孢子囊在土壤中,或未腐熟的肥料中越冬、越夏,然后借雨水、灌溉水、害虫及农事操作传播。防治方法:①实施检疫,严禁从病区调运秧苗或蔬菜到无病区;②与非十字花科蔬菜实行3年以上轮作,增施石灰调节酸性土壤成弱碱性;③及时排除田间积水、拔除中心病株,并在病穴四周撒石灰防止病菌蔓延;④清洁田园,必要时用

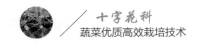

40%五氯硝基苯粉剂500倍液灌根,每株用药0.4~0.5升,或每亩用40%五氯硝基苯粉剂2~3千克拌40~50千克细土于播种或定植前沟施。

(8)干烧心病(心腐病):此病是由缺钙引起的生理性病害,北方发生普遍。一般发生在大白菜结球期,病株外叶生长正常,剖开叶球后可看到部分叶片从叶缘处变干黄化,叶肉呈半透明的干纸状,叶脉淡黄褐色、无异味,病、健组织有明显分界线,严重者失去食用价值。有时在未结球前就可表现出上述症状。此病发生后,病株易受其他病害感染而发生腐烂、霉变等现象。该病与气象条件、土壤含盐量、水质中氯化物含量、田间栽培条件,特别是一次性氮肥施用量过大等因素有关。同时,不同品种的抗干烧心病能力也不相同。防治方法:①选用抗病品种;②改良盐碱地,改善水质;③增施有机肥料,改善土壤结构;④注意轮作倒茬,不与吸钙量高的作物连茬;⑤控制施用氮素化肥,补施钙素;⑥叶面喷施0.7%氯化钙+50毫克/升萘乙酸,从莲座中期开始喷施,每隔7~10天喷施1次,连续喷施4~5次。

(9)芝麻症:病株中肋发生许多黑色芝麻状斑点,导致商品性下降。氮素过剩,结球期硼、铁吸收不足,或锰、铜、锌吸收过量都会出现该症状。防治方法:①多施有机肥,避免过量使用化肥;②选择抗性强的品种。

(10)干裂症:大白菜中肋内侧发生纵、横向龟裂,后呈木栓化状态,并发生褐变呈干燥状态,主要是缺硼所致。硼素和钙素一样,铵态氮和钾能与其发生拮抗作用。防治方法:①避免过量施用氮素化肥,缺硼田块可每亩施硼砂0.8千克,与有机肥料混合施用;②选用耐缺硼品种;③结球期用硼酸200倍液叶面喷施2次。

3.主要虫害防治方法

大白菜的主要虫害有蚜虫、黄曲条跳甲、菜青虫、斜纹夜蛾、小菜蛾、菜螟等。

（1）蚜虫：危害大白菜的蚜虫主要是萝卜蚜、桃蚜及少量甘蓝蚜，甘蓝蚜是新疆的优势种。3种蚜虫从形态上较易区分，萝卜蚜额瘤不明显，腹管较短；桃蚜额瘤发达，腹管较长；甘蓝蚜全身覆盖有明显的白色蜡粉。蚜虫群聚在叶上吸食汁液，分泌蜜露诱发煤污病，严重的还能传播病毒病使全株萎蔫死亡。一般每年春、秋季是蚜虫发生高峰期，在华南地区则以秋、冬季发生较重。高温、高湿天气及多种天敌不利其发生。有翅蚜具迁飞习性，对黄色有正趋性，对银灰色有负趋性。防治方法参见第三章第一节萝卜的病虫害防控相关内容。

（2）黄曲条跳甲：此虫分布广泛，在南方菜区危害重。成虫食叶成孔洞，幼虫蛀根或咬断须根。苗期危害重，可造成缺苗断垄，局部毁种，并传播软腐病。以成虫在落叶、杂草中潜伏越冬，翌年气温达10 ℃后开始进食。成虫善跳跃，高温时还能飞翔。有群聚性、趋嫩性和趋光性。防治方法：①清洁田园，铲除杂草；②播前深耕晒土；③铺设地膜栽培，防止成虫把卵产在根上；④用黑光灯诱杀成虫；⑤以药剂处理土壤和叶面喷雾，参见第三章第一节萝卜的病虫害防控相关内容。

（3）菜青虫：此虫为菜粉蝶的幼虫。幼虫2龄前只啃食叶肉，留下一层透明的表皮；3龄后食叶片，成孔洞或缺刻，重则仅剩叶脉，伤口还能诱发软腐病。各地多代发生，以蛹在菜地附近的墙壁、树干、杂草残株等处越冬，翌年4月份开始羽化。菜青虫的发育最适温度为20～25 ℃，相对湿度在75%左右，因此，春、秋两季是其发生高峰季节。防治方法：用细菌杀虫剂Bt乳剂或青虫菌6号悬浮剂600～800倍液，或50%辛硫磷乳油1 000倍液，或2.5%溴氰菊酯乳油3 000倍液等进行防治。提倡用昆虫生长调节剂，如20%灭幼脲1号（除虫脲），或25%灭幼脲3号（苏脲1号）胶悬剂500～1 000倍液，但须尽早喷洒防治。

（4）斜纹夜蛾：此虫为全国性分布，南方各地及山东、河南、河北等地

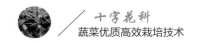

危害较重。具间歇性猖獗危害的特点,大发生时可将全田大白菜吃成"光杆"。此虫喜温好湿,抗寒力弱,适宜发生温度为28～30 ℃,空气相对湿度为75%～85%。因此,长江流域7—9月份、黄河流域8—9月份、华南地区4—11月份为盛发期,其中华南地区7—10月份危害最重。此虫生活习性、防治方法与甜菜夜蛾大体相同。

(5)小菜蛾:又名吊丝鬼等,南北方均有分布,南方危害较重。初龄幼虫啃食叶肉。3～4龄将叶食成孔洞,严重时叶面呈网状或只剩叶脉。常在苗期集中危害心叶,危害采种株嫩茎及幼荚。华北及内蒙古地区一年发生4～6代,长江流域9～14代,海南21代。在北方地区以蛹越冬,南方地区可周年发生,世代重叠严重。成虫昼伏夜出,有趋光、趋化(异硫氰酸酯类)和远距离迁飞性。北方地区5—6月份、长江流域春秋季、华南地区2—4月份及10—12月份为发生危害时期。防治方法:①避免与十字花科蔬菜周年连作;②采收后及时处理病残株并及时翻耕,可消灭大量虫源;③采用频振灯或性诱剂诱杀成虫,或用防虫网阻隔;④喷施Bt乳剂(含活孢子100亿～150亿/克)500～800倍液;⑤在对除虫菊酯类杀虫剂产生明显抗性的地区,选用5%氟啶脲乳油(抑太保)、5%氟苯脲乳油(农梦特)1 500倍液,或5%多杀霉素悬浮剂(菜喜)1 000倍液、20%抑食肼可湿性粉剂1 000倍液,或1.8%阿维菌素乳油2 500倍液、15%茚虫威悬浮剂(安打)3 000～5 000倍液等防治。

(6)菜螟:为钻蛀性害虫,国内分布较普遍,是南方沿海各省及华北地区常发性害虫。以幼虫危害大白菜心叶、茎髓,严重时可将心叶吃光,并在心叶中排泄粪便,使其不能正常包心结球。以老熟幼虫在土中吐丝缀合泥土、枯叶结成蘘状丝囊越冬,少数以蛹越冬。成虫昼伏夜出,趋光性差,飞翔力弱。初孵幼虫多潜叶危害,3龄以后多钻入菜心危害,造成无心苗。8—9月份危害最重。防治方法:①加强田间管理,适当灌水,增大田间

湿度,可抑制害虫发生;②清洁田园,进行深耕,减少虫源;③适当晚播,使幼苗3~5叶真叶期与幼虫危害盛期错开。

(7)地下害虫:主要有蛴螬、蝼蛄,危害大白菜种子和幼苗,造成缺苗断垄。防治方法:①每公顷用10%二嗪磷颗粒剂30~45千克,或用5%辛硫磷颗粒剂15~22.5千克,与15~20倍土混匀后制成毒土,撒在床土上、播种沟或移栽穴内,待播种或菜苗移栽后覆土;②用50%辛硫磷乳油3千克或80%敌百虫可湿性粉剂1.5~2.25千克,兑少量水稀释后拌适量细土制成毒土;③将豆饼、棉仁饼或麦麸5千克炒香,再用90%晶体敌百虫或50%辛硫磷乳油150克兑水30倍拌匀制成毒饵(谷),结合播种,每亩用1.5~2.5千克撒入苗床,或出苗后将其撒在蝼蛄活动的隧道处诱杀,并能兼治蛴螬。

八 采收与采后处理

1.采收

根据商品成熟度、市场需求和环境条件及时采收。采收时,用手按压叶球球顶,有坚实感即达到成熟,可以采收。一般春播和夏播大白菜由于收获期处于高温季节,因此采收一定要及时;早熟品种为防止裂球,也需及时采收;中、晚熟品种的收获期有严格的季节性,尤其是在大白菜无法露地越冬的地区要严格掌握大白菜的收获期,即以正常年份不发生严重冻害的保证率达90%的日期之前的5~15天为宜。对于晚熟品种,为避免或减轻其心叶遭受霜冻的损害,并促使叶球质嫩色白,可进行捆菜,方法是将外叶扶起,包住叶球,然后用浸软的稻草或细绳等物捆扎在叶球2/3处。捆菜可以提升蔬菜品质,又便于采收,但不利于叶片光合作用及营养的积累和转运,不利于叶球的充实。因此,南方地区或在低温霜冻前能及时收获的,也可不进行捆菜。采收时用刀或铁锹将白菜砍倒,将不能食用

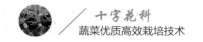
的外叶撕掉,并留一层外叶(3～4片)作保护,以防大白菜在运输过程中发生损伤或脱帮。高温季节采收大白菜,为了有利于贮运,应选择清晨采收。大面积收获时,可先收获包心好的一类菜,然后收获二类菜,包心差的三类菜可据当时的气候条件推迟收获。收获时遇到轻度冻害,可暂不砍收,待天气转暖、叶片恢复原来状态时再收获。对于已收获又未入窖的大白菜,可在田间码放,并加盖覆盖物。

2.采后处理与贮藏

高温季节,大白菜收获后应注意菜体降温,有条件的地方,采收后应放入贮藏温度为5 ℃的冷库或冷藏车进行预冷和运输,可有效延长货架期,减少损耗。采收后,如直接销售的,可根据商品性的要求分级包装出售;如需贮藏,则在贮藏前将大白菜适当进行晾晒,使其外叶失去一些水分变软,以便于运输和贮藏,然后再分级挑选。大白菜的贮藏方式很多,可堆藏、埋藏、窖藏和冷库贮藏,适宜的贮藏条件为温度0 ℃、相对湿度为90%～95%。

▶ 第二节　普通白菜

普通白菜,又称小白菜,俗称青菜,北方称油菜,是十字花科芸薹属芸薹种大白菜亚种的变种之一。普通白菜因其生长快、种植成本低、效益高、营养丰富、风味独特而备受消费者青睐,全国各地均有栽培,其中长江以南是普通白菜的主产区。普通白菜在长江中下游地区占上市蔬菜总量的30%～40%。如今,普通白菜也已成为北方春季早熟栽培和越冬栽培的主要蔬菜之一。

一 品种选择

一般来说,应选择适合当地气候环境并具有抗病、优质、高产等特点的品种进行种植。冬春生产宜选冬性强、耐寒性强、晚抽薹的春白菜品种,如"玉白1号"(中国农业科学院蔬菜花卉研究所育成)、"四月慢"等;秋季生产宜选早熟的秋冬白菜品种,如鲜食的"矮脚黄"(南京农业大学园艺学院育成)、"沈农418"(沈阳农业大学育成)、"东方18"(江苏省农业科学院蔬菜研究所育成)等,盐渍用白菜选择花叶高脚白菜等;夏季生产宜选耐热、抗病、生长迅速的夏白菜品种,如"上海青"等。

1.玉白1号

"玉白1号"是中国农业科学院蔬菜花卉研究所育成品种(图1-7)。株型紧凑,叶柄奶白,叶色深绿,外形美观,品质优良,生长速度快,定植后55~60天收获,单株重300~400克。

图1-7　玉白1号

2.新夏青6号

"新夏青6号"是上海市农业科学院设施园艺研究所育成的白菜一代杂种(图1-8)。株型直立,属中箕类型,生长势旺,叶鲜绿色,长椭圆形,叶面光滑,叶柄绿色、较宽、较长,胚轴较长,播种后20天胚轴可达4.1厘米,适合作鸡毛菜机械化采收;平均每亩产量为680千克左右。

图1-8　新夏青6号

耐热,较抗霜霉病,夏季栽培烂菜率低,品质优良。

3.夏冬青

夏冬青是上海市农业科学院设施园艺研究所育成的白菜一代杂种(图1-9)。矮箕、直立型,叶绿色、椭圆形,叶柄淡绿色。能作鸡毛菜、原地菜及冬青菜栽培,品质优良,丰产性好。作鸡毛菜栽培,4—8月份播种,播种后15~18天上市,亩

图1-9 夏冬青

产500~600千克;作秋冬菜栽培,8—10月份分批播种,每亩产量为2 200~3 500千克。

4.新创375(新海青375)

"新创375"("新海青375")是南京新创蔬菜分子育种研究院有限公司育成的白菜一代杂种,属于高品质上海青类型。株型直立紧凑、束腰、优美,一般株高21厘米,叶片椭圆形、平展,叶片长16厘米左右,宽13厘米左右,叶柄油绿,柄长10厘米左右,柄宽7厘米左右。较从日本进口的青梗菜品种的商品性好,品质更优,整株纤维含量低,叶柄口感软糯,风味佳。

5.金品1夏

"金品1夏"是福州春晓种苗有限公司育成的白菜一代杂种。叶片直立性强,叶色亮绿,梗色亮绿,夏季播种不易拔节,耐热、耐湿及抗病性突出,产量高。其为南方地区雨季及高温季节播种的理想品种。

6.热抗1号

"热抗1号"叶色淡绿,叶片厚,叶面光滑,叶柄白、宽、扁,根系发达,移栽成活率高,生长速度快,成株株高36厘米,开展度为40厘米,株型较大,外叶略塌地,软叶率较高,移栽每亩产量可有1 500~2 000千克。夏季可

作菜秧、原地菜或移栽栽培,长江流域5—8月份可连续播种。

7.东方18

"东方18"是江苏省农业科学院蔬菜研究所育成的白菜一代杂种。株型直立,叶片长椭圆形,叶色绿,光滑,叶柄色绿,束腰,抗逆性强,适应性广,可作原地、移栽栽培,产量高,外观商品性好。

8.苏青1号

"苏青1号"是苏州市农业科学院蔬菜研究所选育的中早熟苏州青品种(图1-10)。株型直立,束腰性好,外观商品性好,顶部呈玫瑰花形。中棵型,单株重约300克,株高约17厘米,株幅约27厘米,叶片呈近圆形,叶色深绿,叶柄肥厚较短似匙形,叶脉明显。抗寒性和抗病性较好。品质优良,熟食糯、纤维少,味微甜,霜后采收,风味品质更佳。

图1-10　苏青1号

9.高杆白

"高杆白"是皖南地区的优良地方品种(图1-11)。株型直立,叶片绿色、椭圆,叶柄白色、扁而长。生长势旺,较耐热,耐寒性稍弱。一般秋季栽

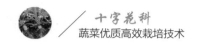

培,霜冻前采收做腌制菜。单株重可在1千克以上。

图1-11 高杆白

二 栽培季节

普通白菜对环境的适应性广,营养生长期间不论植株大小,均可采收上市。根据当地的气候条件及市场消费习惯选择适宜的品种组合,可实现周年生产与供应。栽培上一般分为三季。

1.秋冬季栽培

秋冬季为普通白菜最主要的生产季节,一般育苗移栽,采收成长植株。江淮地区一般在8月上旬至10月上中旬分期分批定植,陆续采收至翌年2月份抽薹开花为止,其中产量、品质以9月上中旬播种的为佳。播期早的一般在定植后30天采收,迟播的一般在定植后50~60天采收。此外,还有加工腌渍专用的白菜如"高杆白"等,一般适宜于处暑至白露间播种,秋分定植,小雪前后采收腌制,质量最佳。耐寒性较强的一些青梗菜品种适宜于9月中下旬播种,10月中下旬定植,以供应春节市场。

2.春季栽培

春季生产的普通白菜有"棵白菜"和"小白菜"之分。"棵白菜"一般是在10月上旬至翌年1月上旬播种,以幼苗越冬,翌年春季采收成株供应市场。"小白菜"则是在早春播种,采收幼嫩植株供应市场,供应期一般为4—5月份,此时若市场行情不好,也可移栽长成"棵白菜"供应市场。

3.夏季栽培

夏季栽培以"小白菜"为主,5月上旬至8月上旬随时可以播种,播后20～25天即可采收幼嫩的植株上市。其中7月中下旬至8月上旬播种的,可通过间苗上市一批"小白菜",或将间出的幼苗定植到大田做早秋白菜栽培,而留在原地的植株既可采收"小白菜"上市,也可留作成株上市。

三 整地施肥

基肥宜以有机肥为主,后期适当追施速效肥,配合叶面施肥。结合深翻,每亩施腐熟农家肥1 500～2 000千克(鲜食品种)或3 000～4 000千克(盐渍品种)做基肥。

四 播种育苗

普通白菜生长迅速、生长期短,可以直播,亦可育苗。除春、夏、早秋播种"小白菜"或"漫棵菜"外,一般都行育苗移栽。炎热高温多雨季节采取遮阳、避雨、防虫网覆盖等措施抗高温育苗;冬春季由于低温寒流影响,生长缓慢,易通过春化阶段引起早抽薹,须进行防寒育苗;夏秋高温干旱季节,直播可避免伤根。夏季直播,每亩用种量为750～1 000克;春、秋、冬季育苗移栽,每亩用种量为100～150克。

苗床地宜选择未播种过同科蔬菜,保水保肥力强,排水良好的壤土。早春和冬季宜选避风向阳地块作苗床,前茬收获后要早耕晒垡,尤其是

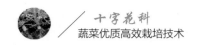
连作地，更要注意清洁田园，深耕晒土，以减轻病虫危害。一般每亩施2 000～3 000千克腐熟农家肥做基肥。

播种应掌握匀播与适当稀播，密播易引起徒长，影响秧苗质量，冬季密播还会影响耐寒力。播种量依栽培季节及技术水平而异：一般秋季气温适宜，每亩苗床播0.8～1.0千克，早春与夏季应增至1.5～2.5千克。育苗系数（大田面积与苗床面积之比）在早秋高温干旱季节为（3～4）：1，秋冬季为（8～10）：1，播种后用浅耧镇压。为防止先期抽薹，冬春季播种须掌握播种时机，在冷尾暖头，抢时间下种，切忌在寒潮前或寒潮期间播种。如若播种后遇寒潮侵袭，须采用"小拱棚+保温被"的形式进行保温。

适期播种的普通白菜种子在种下后2～3天即可出苗。出苗后要及时间苗以防止徒长，一般间苗2次，最后一次在2～3片真叶时进行，间苗后，苗距为5～7厘米。苗期的水肥管理，要视土壤肥力与土质、苗情、天气等情况灵活掌握，并注意小水勤浇。此外，要注意苗期杂草与病虫害的防治，尤其要抓好治蚜防病毒病的工作。苗龄随不同地区气候条件与季节而异，气温高时幼苗宜小，气温适宜时幼苗可稍大，一般为25～30天，但晚秋播种或春播的苗龄需在40～50天。栽植前苗床需浇透水，以利拔苗。

五 栽培密度

一般株行距为（15～30）厘米×（15～30）厘米。对开展度小的品种、采收幼嫩植株供食或气温较高时，宜缩小栽植距离。栽植深度因气候、土质而异，早秋宜浅栽，寒露以后应深栽，土质疏松地块可深栽，土质黏重地块宜浅栽。

六 肥水供给

定植后要及时追肥，促进恢复生长。以后视土壤肥力和菜苗生长状况再追肥2～3次，浓度由淡至浓，逐步提高，也可叶面喷施0.3%尿素溶液或

氨基酸叶面复合肥。追肥截止时间以采收前10~15天为宜。

灌溉一般与追肥结合进行,每次追肥前可适当中耕除草,以免肥水流失。春、秋季气温低时,应晴天午后浇水,夏季高温时宜傍晚前后浇水。梅雨季节、夏秋季雨水较多时,要注意清沟理墒,雨后及时排除田间积水,以防止高温高湿烂菜。夏季利用防虫网和遮阳网、防雨棚生产,可实现优质高产和无农药生产,但应避免浇水过量,宁干勿湿。冬春季保护地生产时,棚内温度宜保持在18~20 ℃,根据天气情况及时进行揭膜通风。

（七）病虫害防控

普通白菜的病害主要有霜霉病、软腐病、病毒病、炭疽病、黑斑病等,虫害主要有蚜虫、菜青虫、小菜蛾、菜螟等。用百菌清或甲霜灵等交替喷雾防治霜霉病,用甲基托布津防治软腐病,用病毒A或植病灵防治病毒病,用嘧菌酯或苯醚甲环唑防治炭疽病,用霜脲·锰锌等防治黑斑病。用锐劲特防治菜青虫、小菜蛾、菜螟,用阿维菌素或杜邦安打防治斜纹夜蛾,用吡虫啉或抗蚜威防治蚜虫。

（八）采收贮藏

普通白菜的生长期依地区气候条件、品种特性和消费需求而定。长江流域各地秋白菜栽植后30~40天,可陆续采收。早收的生育期短,产量低;若是采收充分长大的,一般要50~60天。而春白菜,则要在120天以上。采收的标准是外叶叶色开始变淡,基部外叶发黄,叶簇由旺盛生长转向闭合生长,心叶生长至平菜口时,植株即已充分长大,此时产量最高。秋冬白菜因成株耐寒性差,在长江流域宜在冬季严寒季节来临前采收;腌白菜宜在初霜前后收毕;春白菜在抽薹前收毕。所收获产品的外在质量标准要求鲜嫩、无病斑、无虫害、无黄叶、无烂斑。菜秧的产量和采收日期,因生产季节而异。在江淮流域,2—3月份播种的,播后50~60天采收;6—8

月份播种的,播后20～30天可收获。大多数为一次性采收完毕,也有的是先疏拔小苗,按一定株距留苗,任其继续生长,到产量较高时采收。采收时间以早晨和傍晚为宜,按净菜标准上市。

▶ 第三节 乌 菜

乌菜,又名乌塌菜、塌棵菜、黑菜等,是十字花科芸薹属芸薹种大白菜亚种的一个变种,起源于我国长江中下游流域,距今已有千年以上的栽培历史,是我国著名的特有蔬菜。乌菜较耐寒、品质佳、口感风味好,在安徽、江苏、上海等地可露地越冬,产品以经霜雪后味甜鲜美而著称,素有"雪下乌菜赛羊肉"之美称。乌菜是调剂"秋冬"和"早春"的重要叶类蔬菜,对保障蔬菜均衡稳定供应作用巨大。

一 品种选择

栽培时应选择温度适应范围广、抗病与抗逆性强的优质高产品种,如"黑乌杂1号""黄乌杂1号""皖乌101""皖乌201""皖乌302"等。

1.黑乌杂1号

"黑乌杂1号"是安徽省农业科学院园艺研究所育成的乌菜一代杂种(图1-12)。植株半塌地,株高14～17厘米,外叶墨绿色、有光泽,心叶紧,浅绿色,叶面皱泡密,肉质厚,叶柄白色、扁平微凹,耐寒性强,在-10℃的低温下不发生冻害。

2.黄乌杂1号

"黄乌杂1号"是安徽省农业科学院园艺研究所育成的乌菜一代杂种(图1-13)。植株半塌地,株高12～16厘米,外叶绿色,心叶紧,黄绿色,叶面皱泡密,肉质厚,叶柄白色、扁平微凹,在-8℃的低温下不发生冻害。

图1-12　黑乌杂1号

图1-13　黄乌杂1号

3.皖乌101

"皖乌101"是安徽省农业科学院园艺研究所育成的乌菜一代杂种(图1-14)。植株半塌地,株高13～15厘米,开展度29～33厘米,叶片近圆形,外叶绿色,心叶黄绿色,叶面皱泡密,叶片数为29片左右,叶柄绿白色、扁

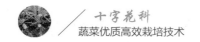

平微凹。耐寒性较强,平均单株重535克,叶片质地柔嫩,粗纤维少,口感佳。

图1-14 皖乌101

4.皖乌201

"皖乌201"是安徽省农业科学院园艺研究所育成的乌菜一代杂种(图1-15)。植株半塌地,株高12~15厘米,开展度25~29厘米,叶片近圆形,外叶深绿色,经霜后叶色绿泛黄,肉质厚,叶面皱泡密,叶片数为26片左

图1-15 皖乌201

右,叶柄绿白色、扁平。耐寒性很强,平均单株重370克,霜后品质极佳,粗纤维少,味微甜。

5.皖乌302

"皖乌302"是安徽省农业科学院园艺研究所育成的乌菜一代杂种(图1-16)。植株塌地,株型美观,开展度40～45厘米,叶片卵圆形,外叶紫色有光泽,叶面皱泡中密、稀,叶片数为31片左右,叶柄浅绿色、扁平微凹。耐寒性较强,最低可耐 − 8 ℃的低温,平均单株重612克,花青素含量高,叶片质地柔嫩,粗纤维少,风味独特。

图1-16　皖乌302

6.丽紫1号

"丽紫1号"是安徽省农业科学院园艺研究所育成的乌菜一代杂种(图1-17)。植株半塌地,株高15～16厘米,开展度38～43厘米,叶片近圆形、有光泽,叶片数为30片左右,外叶紫黑色,心叶紫红色,轻微合抱,叶柄扁

平微凹、绿白色。耐寒性强,在 – 10 ℃的低温下不发生冻害。

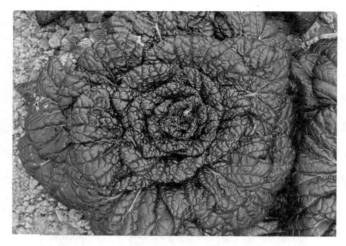

图1-17 丽紫1号

7.小八叶

"小八叶"是上海市的地方品种(图1-18)。植株矮、塌地,叶簇紧密,叶片重叠,排列紧密,八叶一轮,环生,心叶如菊花心。叶片近圆形,全缘略向外翻卷,叶色深绿,叶面稍皱缩。叶柄浅绿,扁平。耐寒性较强,经霜后品质更佳。

图1-18 小八叶

8.舒城黄心乌

"舒城黄心乌"是舒城县地方品种。株高20~25厘米,开展度为25厘米左右。叶片近圆形,外叶深绿色,心叶淡绿色,经霜打后变为金黄色,叶面皱泡多而密。叶柄扁平,白色。单株重400克左右,最重可达750克。叶质嫩,纤维少,品质好,经霜雪后口感更佳。

9.蚌埠菊花心

"蚌埠菊花心"是蚌埠市的地方品种。株高20~35厘米,开展度为20厘米左右,半塌地,叶片数为20~22片,近圆形,叶片绿色,霜降后呈金黄色,外观好似盛开的菊花;叶面有皱泡,叶柄扁、白色,单株重500克左右,平均每亩产量在5 000千克以上。耐寒,经霜雪覆盖后叶色更黄、味更佳。

二 栽培季节

江淮地区8月上旬至10月上中旬均可播种,11月中下旬至翌年3月可以随时收获。选择熟性不同的品种,先后适当错开播种期,可以延长供应时间。

三 整地施肥

深耕晒垡,每亩施腐熟有机肥3 000~4 000千克,氮磷钾三元复合肥15~25千克,深翻耙平,然后做畦,畦宽1.5~2.0米。

四 播种育苗

前茬收获后应尽早翻耕晒垡,每亩苗床施经无害化处理的有机肥2 000~3 000千克,精耕一遍后,整地做畦,畦宽1.2~1.5米。前期光照强、温度高时可加盖遮阳网、防虫网以遮阳防虫。

播种方式可条播或撒播,每亩用种量为0.2~0.4千克。播前浇透底水,播后覆1厘米厚的细土,稍加镇压,浇水保湿。然后覆盖遮阳网保湿降温、

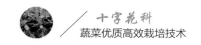

防雷雨。出苗后应及时灌水,保持地面湿润。1~2片真叶时间苗,间苗后结合浇水追施人粪尿30~50千克。注意拔除杂草,防止徒长,培育壮苗。

五 栽培密度

苗龄25~30天,4~5片真叶时即可定植。适当密植,一般株行距为(20~25)厘米×(20~25)厘米。定植要选在下午或阴天进行,宜浅栽,栽后立即浇水,防止秧苗打蔫。定植时浇透底水,定植后次日再浇一次缓苗水,并做好遮阳降温工作,促进缓苗。

六 肥水供给

乌菜对肥水要求严格,生长期间应不断供给充足的肥水。定植后次日要浇一次缓苗水,并做好遮阳降温工作,以促进缓苗。乌菜的灌溉一般与追肥结合进行,一般施肥灌水前疏松表土,以免肥水流失。追肥宜用速效氮肥。定植后要及时追肥,以促进恢复生长,以后视土壤肥力和菜苗生长状况再追肥2~3次,也可叶面喷施0.3%尿素溶液。自定植之时到11月底,田间要保持湿润,以促进叶片迅速生长,之后随着天气渐冷,应减少浇水。

七 病虫害防控

1.主要病虫害

乌菜的病害主要有霜霉病、软腐病、病毒病、菌核病等,虫害主要有菜青虫、小菜蛾、蚜虫等。

2.防治原则

坚持"预防为主、综合防治"的原则,优先采用农业防治、物理防治、生物防治,配合使用科学合理的化学防治。

3.防治方法

(1)农业防治。选用抗病品种,实行轮作换茬,及时中耕除草、清洁田

园,降低病虫源基数,科学施肥。

（2）生物防治。积极保护利用虫害天敌,使用生物农药。

（3）物理防治。利用防虫网育苗,使用黄板、频振灯诱杀害虫等。

（4）化学防治。可用72%克露、25%瑞毒霉或70%代森锰锌防治霜霉病;用10%吡虫啉防治蚜虫,控制传播病毒病;用10%除尽或2.5%多杀菌素悬浮剂(菜喜)防治小菜蛾、菜青虫。严格控制农药浓度并遵守其安全间隔期,注意交替用药,合理混用;禁用违禁农药。主要病虫害化学防治技术参见本章第一节大白菜病虫害防控相关内容。

八 采收贮藏

一般定植后40～50天,根据市场行情灵活掌握采收期,可按"拔大留小、先密后稀"的原则分期分批采收上市。

▶ 第四节 白菜薹

菜薹又名菜心,是十字花科芸薹属芸薹种大白菜亚种的变种之一,为中国特产蔬菜。菜薹又分为白菜薹(或绿菜薹)和紫菜薹(或红菜薹)两种类型。白菜薹主要分布在我国华南地区,尤其是广东和广西两省栽培面积较大。

一 品种选择

选择抗病性强、口感优良、产量较高的白菜薹品种。白菜薹根据品种熟性可分为极早熟、早熟、中熟、晚熟品种,极早熟品种主要有"五彩黄薹1号""白杂2号"等,早熟品种主要有"雪莹""天成早薹1号""湘薹系列"等;中熟品种主要有"五彩红薹2号""五彩红薹3号""雄心1号""芈心1号""早薹30""株洲早白菜薹""白杂3号"等;晚熟品种主要有华容黄白菜薹"湖南早白菜薹(Ⅲ)"等。一般秋冬季栽培时宜选择早、中熟品种,越冬和早春栽培宜选择中、晚熟品种,生产上可根据市场和茬口等具体情况进行选择。有条件的基地,一定要根据当地的气候、土壤条件先开展小面积引种种植试验,在确定该品种适合本区域生产时再大面积种植,以免产生不必要的损失。

1.五彩黄薹1号

"五彩黄薹1号"是湖南省农业科学院蔬菜研究所育成的耐热、抗病同时又特早熟的白菜薹新品种（图1-19）。从播种到开始采收只需45天左右,如在长沙,8月上旬播种,9月中旬就有菜薹采收上市了。较同类品种耐热,抗病性强,菜薹呈黄绿色,薹生叶较大、肥嫩,主薹鲜重90克左右,品质好,早期产量高。

图1-19　五彩黄薹1号

2.脆薹5号

"脆薹5号"是湖南省农业科学院蔬菜研究所最新育成的外观似菜心

的白菜薹，以采收侧薹为主。菜薹翠绿色、无蜡粉，从播种至采收需55天左右。植株抗霜霉病、病毒病。菜薹柔软不苦，侧薹萌发能力强，发生多而整齐。

3.五彩红薹2号

"五彩红薹2号"是湖南省农业科学院蔬菜研究所育成的中熟白菜薹，从播种到采收约需60天。植株生长势较旺，菜薹绿色，有少量蜡粉，侧薹萌发能力强、较为粗壮，薹生叶尖、柔嫩，味甜不苦，品质好。

4.五彩青薹2号

"五彩青薹2号"是湖南省农业科学院蔬菜研究所育成的中晚熟青梗菜薹，从播种至采收需75天左右。植株生长势较强，较抗霜霉病、病毒病。侧薹萌发能力强，产量高。长沙地区以8月中旬至9月下旬播种为宜，3—7月份亦可播种，但品质和产量会降低。

5.青苔1号

"青苔1号"是常德市农林科学研究院育成的以采收主薹为主的青梗菜薹（图1-20），从播种到采收主薹需50～60天，单薹重100克左右。整齐

图1-20　青苔1号

度好,叶柄较长,叶片亮绿,抽薹好,薹色绿,纤维少,口感脆嫩,品质佳。适宜撒播,撒播比移栽采收产量高。

6.白薹45

"白薹45"是湖北省农业科学院育成的极早熟杂交白菜薹品种,播种至采收需45天左右。植株生长势强,株高约35厘米,开展度约50厘米。菜薹嫩绿色,薹叶小,商品性佳。薹质脆嫩,品种优良。侧薹萌发能力强,粗细均匀。

7.苏薹秋冠

"苏薹秋冠"是苏州市农业科学院选育的薹用苏州青品种(图1-21),早熟,播种后30天即可采收主薹。株型直立,叶片近圆形,叶色深绿,叶柄肥厚较短似匙形。品质优良,薹质甜糯,口感佳。

图1-21 苏薹秋冠

二 栽培季节

白菜薹适应性强,对温度要求不严格,种子发芽和幼苗生长的适宜温度为25~30℃,叶片生长和菜薹形成的适宜温度为15~20℃。要求水分

充足,不耐旱,应保持土壤湿润而又不积水,对土壤适应性强,要求土壤保水保肥能力强,需氮肥较多,其次是钾肥,对磷肥需求较少。在安徽地区一般最早于7月中旬播种,一直到11月中下旬均可播种,可直播或育苗移栽。

白菜薹的正常生产季节为秋冬季,一般8—9月份播种,11月上旬开始采收,可采收至翌年2月中旬。冬春季栽培一般选择耐寒性强的品种,在冬季到来之前播种,露地越冬,翌年1月开始采收,可采收至3月底。夏秋季栽培一般选择耐热的极早熟品种,以直播技术栽培,7月上旬播种,8月中下旬即可开始采收。

（三）整地施肥

一般于定植前15～20天,结合翻耕施入基肥,翻耕深度为20～30厘米,要求土壤疏松,但不能太细碎,以防畦面板结;每亩基肥用量为商品有机肥500千克、普通过磷酸钙50千克。随后做畦,畦面宽1.0米,畦高20～25厘米,沟宽30～40厘米。然后铺设滴灌设备、覆盖地膜。

（四）播种育苗

1.直播

精选种子,一般每亩用种量为50克,均匀撒播,也可采用编绳播种技术,以提高播种精准度。播种后覆盖遮阳网,再浇透水,使种子与土壤紧密结合,防止种子萌发后遭到暴晒。

2.育苗

可使用穴盘和商品育苗基质育苗。一般采用96孔穴盘进行育苗,每穴播1粒种子,播后覆土。可采用全自动精量播种流水线装填基质、播种、盖土、浇水。将已播种的育苗盘覆膜后放在催芽室进行催芽,温度保持在

20～25 ℃。待60%幼苗顶土时,揭开床面覆盖物,将穴盘移至育苗架上。

(五) 栽培密度

栽培密度因品种、栽培季节和采收要求的不同而不同。早熟和中熟品种株型较小,定植株行距为(10～15)厘米×(10～15)厘米;晚熟品种株型较大,株行距为(15～20)厘米×(15～20)厘米。定植宜浅,深度在子叶之下。

(六) 肥水供给

每亩施用氮磷钾三元复合肥(N–P–K为15–15–15)60～75千克,菜薹采收后追施硫酸钾2～3次,每次用量为5千克。适当提高钾肥用量,能增强菜薹的抗病和抗逆能力,提高品质。菜薹根系浅,生长迅速,应经常保持耕作层的土壤相对湿度在70%～80%,不能积水。

(七) 病虫害防控

白菜薹生长期间的虫害主要有蚜虫、黄曲条跳甲、菜青虫、小菜蛾、斜纹夜蛾和甜菜夜蛾等,病害主要有软腐病,后期有时也会有霜霉病等发生。应随时观察田间情况,一旦发现病虫害,在中耕除草、清洁田园等农业防治基础上进行化学防治,注意农药的交替使用。农药混用时,注意选择2种以上不同类型的农药。

(八) 采收与贮藏

白菜薹的产品一般包括主薹和侧薹,一般早熟品种以采收主薹为主,中晚熟品种可兼收侧薹。一般以菜薹与叶长等高并具有初花时采收为宜,留3～4片基叶割取主薹,随后可利用基部腋芽形成侧薹。采收一般于清晨进行,若气温低,则菜薹生长较慢,可缓1～2天采收;若气温高,则菜薹容易开花,要提早采收。若抽薹太高或花开放后才采收,菜薹易发生糠

心,不耐贮运。采收后采用普通保鲜膜包装,贮藏温度保持在5 ℃,空气相对湿度保持在85%~90%。

▶ 第五节 紫 菜 薹

紫菜薹又名红菜薹,是十字花科芸薹属芸薹种不结球白菜亚种的一个变种。紫菜薹主要分布在长江流域,以湖北武汉、四川成都、湖南长沙等地栽培较多。武汉红菜薹作为中国的特产蔬菜,在长江流域地区具有悠久的栽培历史。近年来,紫菜薹作为优质高档蔬菜被各地引种,种植面积逐年增加。

一 品种选择

选择优质、高产、抗病、抗逆性强的紫菜薹品种。根据对气候的适应性,紫菜薹可分为早熟、中熟、晚熟3个品种类型,生产上要依据当地气候条件、茬口安排、市场需求等选择相应的品种进行种植。早熟品种较耐热,适于温度较高的季节栽培,长江流域多在8月份播种育苗,主要品种有"武昌红叶大股子""绿叶大股子""成都尖叶""小红油菜薹"等;中熟品种耐热性不如早熟品种,冬性不如晚熟品种,长江流域多在8—9月份播种育苗,主要品种有"二早子红油菜薹""七根薹"等;晚熟品种耐热性较差,冬性较强,长江流域多在9—10月份播种育苗,主要品种有"胭脂红""阴花油菜薹""迟不醒"等。

1.洪山菜薹

"洪山菜薹"俗称"大股子",为湖北省武汉市洪山区特产,国家地理标志保护产品。植株高大,叶簇展开,基叶呈广卵形,暗紫绿色,叶面光滑,有蜡粉,基部具不规则叶翼;叶柄厚,叶柄和中肋呈紫红色。薹长30~60

厘米,薹基部形似喇叭头,含苞不开放,无裤叶,薹色紫红,薹叶披针形,无柄,紫色。植株腋芽萌发力强,侧薹发生多,全株可采摘20～30根菜薹,单薹重20～50克。菜薹质地脆嫩,味甜,纤维少。武汉8月下旬播种,11月收获,采收期为70～80天,适宜于长江以南地区露地栽培。

2.五彩紫薹3号

"五彩紫薹3号"是湖南省农业科学院蔬菜研究所育成的中晚熟紫菜薹(图1-22),从播种至采收约需70天。菜薹呈亮紫色,色泽均匀,肥嫩,肉质细腻,味甜,风味好。主薹粗1.9～2.4厘米,单根菜薹鲜重为60克左右。采收期长,可持续采收到翌年2月。植株耐寒,抗病性强,适宜在长江流域做中晚熟秋冬栽培。

图1-22　五彩紫薹3号

3.五彩红薹1号

"五彩红薹1号"是湖南省农业科学院蔬菜研究所育成的极早熟、耐热、抗逆性强的杂种一代红菜薹,从播种到采收约需50天。植株生长势中等,菜薹呈淡紫红色,有蜡粉,侧薹萌发能力强,整齐,采收期集中。薹叶

剑形,薹叶量中等。

4.紫御60

"紫御60"是湖北省农业科学院育成的抗根肿病、早熟紫菜薹一代杂种,从播种至始收约需60天。薹色紫红,薹叶叶柄较短、披针形,平均薹长为30~35厘米,主薹粗1.5~1.8厘米,单薹重30~40克,侧薹为6~8根,分蘖能力较强。薹肉浅绿色,品质优良。

5.靓红70

"靓红70"是湖北省农业科学院育成的早中熟紫菜薹一代杂种,播后70天左右采收。菜薹无蜡粉,薹色紫红,有光泽。侧薹分蘖能力较强,平均薹长25~40厘米,薹基部横径为1.6~2.0厘米,单薹重30~50克。该品种薹茎较粗,品质优良,耐寒,商品性好。

6.靓红50

"靓红50"是湖北省农业科学院育成的紫菜薹一代杂种,极早熟,播后50天左右即可采收。菜薹无蜡粉,薹色紫红,平均薹长为25~40厘米,薹基部横径为1.5厘米左右,单薹重20~35克。

二 栽培季节

紫菜薹的生长发育对温度要求稍严,种子发芽温度以25~30℃为宜;幼苗生长适宜温度范围较宽,20℃左右生长迅速,25~30℃的较高温度下也能生长,15℃以下时生长缓慢;菜薹发育适宜较低温度,在10℃左右时菜薹发育良好,在20℃以上较高温度时发育不良。长江流域一般早熟品种于8—9月份播种育苗,中熟品种在9月份左右播种,晚熟品种于9—10月份播种。播种过早,易发生病毒病和软腐病;播种过晚,则叶片少,生长量不足,菜薹产量低。

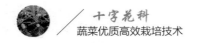

（三）整地施肥

紫菜薹对土壤要求不严格，但以富含有机质的壤土或沙壤土最为适宜。定植前10～20天翻耕晒土，以杀灭部分虫卵、幼虫和病菌。结合土地翻耕，每亩施腐熟有机肥3 000～4 000千克、高效复合肥30～50千克、普通过磷酸钙50千克。翻耕深度为20～30厘米，要求土壤疏松，但不能太细碎，以防畦面板结。施足底肥后，开沟做畦覆膜，畦面宽1.2～1.4米、沟宽30厘米，挖深沟做好排水，然后铺设滴灌设备、覆盖地膜。株距为30~35厘米，行距为50~60厘米，每亩定植3 300～3 500株。

（四）播种育苗

紫菜薹一般都是采用育苗移栽方式。育苗方法参见本章第四节白菜薹的播种育苗相关内容。要适期播种，播种过早，定植时气温偏高，容易造成死苗，成活率下降，产量低，并出现辣味或者苦味；播种过迟，后期生长量不足，导致产量下降，并且导致紫菜薹采收上市销售期短，影响经济效益。整个育苗期间保持苗床土湿润，出苗后遇高温干旱天气，宜在每天傍晚浇水，并搭建遮阳网。及时去掉弱苗和过密的苗，以苗不互相拥挤为宜。育苗期间，注意防蚜虫、黄曲条跳甲和小菜蛾等。苗龄25天，有6～7片真叶时选择晴天进行移栽。

（五）栽培密度

紫菜薹株型较大，生长期较长，连续采收期也较长，定植时株行距为（35～45）厘米×（40～50）厘米，视品种和栽培季节而定，一般早熟及尖叶品种栽培密度稍高，晚熟及圆叶品种栽培密度稍低。

六 肥水供给

紫菜薹以薹茎供食用，采收时间长，故要求基肥足、苗肥轻、薹肥重。定植后植株生长过程中特别是菜薹形成期所需肥水不断增加，因此肥水供应要充足。生长前期应控制好氮肥用量，施入过多氮肥或浇水过勤，容易引起徒长、发病或推迟收获。移栽成活后施苗肥，在封行前或薹期增施磷、钾肥，每亩施腐熟农家肥1 500～2 000千克或生物有机肥50千克，薹肥可施高效复合肥20～30千克，每采收2～3次施1次肥。紫菜薹不耐旱、涝，受旱则生长不良，病毒病高发；湿度大、水位高易引起软腐病，土壤保持湿润即可。冬季降温前要控制肥水，预防冻害。

七 病虫害防控

紫菜薹的病害主要有黑腐病、软腐病、霜霉病、白锈病、根肿病及病毒病等，虫害主要有蚜虫、黄曲条跳甲、菜青虫、小菜蛾、斜纹夜蛾和甜菜夜蛾等。主要防治方法参见本章第一节大白菜的病虫害防控相关内容。

八 采收贮藏

紫菜薹的主薹应及时采收，以利分蘖发侧薹。一般以花蕾绿色未变黄时采收，采收时应从薹茎基部斜掐，留下腋芽，薹茎基部留1～2片叶以便萌发侧薹。根据目标市场需求，确定菜薹花苞是否展开，以及展开程度。

第二章 甘蓝类蔬菜

甘蓝类蔬菜是十字花科芸薹属甘蓝种一年生、二年生草本植物，常见的有结球甘蓝、花椰菜、青花菜、芥蓝、球茎甘蓝和抱子甘蓝等。除芥蓝的原产地不详外，甘蓝的各个变种都起源于地中海至北海沿岸，是栽培历史最久、种植面积最大的蔬菜之一。甘蓝在我国虽然栽培历史不久，但是发展很快，栽培面积不断扩大。其中，结球甘蓝、花椰菜、球茎甘蓝早已在全国各地普遍栽培，青花菜、抱子甘蓝等在20世纪90年代前后才在大、中城市郊区及部分蔬菜生产基地逐渐推广栽培。甘蓝类蔬菜都具有肥厚、呈蓝绿色或紫色、被蜡粉的叶片，不仅有各自独特的风味品质，而且含有丰富的维生素、蛋白质和矿物质等营养成分，在百姓菜篮子里占有重要位置。甘蓝类蔬菜属低温长日照作物，喜温和冷凉的气候，适宜在秋季温和的气候条件下栽培。此外，它们属绿体春化型作物，冬春季栽培，要防止先期抽薹。

▶ 第一节 结球甘蓝

结球甘蓝简称"甘蓝"，又名包心菜、洋白菜等。结球甘蓝在世界各地普遍栽培，也是我国的重要蔬菜之一。结球甘蓝适应性广，栽培省工、省力，是一种成本低、经济效益高的蔬菜。目前我国南方除炎热的夏季外、北方除寒冷的冬季外，其他季节利用不同品种可排开播种，分期收获供应市场，通过异地调剂一般可达到周年供应。

一 **品种选择**

结球甘蓝根据叶球形状可以分为3种类型，根据熟性可以分为早熟、中熟、晚熟等类型。

（1）尖头类型：又称牛心甘蓝，叶球顶部尖，形似心脏；从定植到叶球初次收获需50～70天，多为早熟或中熟品种。

（2）圆头类型：叶球顶部圆形，叶球圆球形或高圆球形；从定植到收获需50～70天，多为早熟或早中熟品种。

（3）平头类型：叶球顶部扁平，叶球扁圆形；从定植到收获需70～100天，多为中熟或晚熟品种。

春甘蓝一般选择冬性强、耐抽薹、抗逆性强、商品性好的早熟品种，夏甘蓝一般选择耐热、早熟、抗病性强、具有一定耐涝能力的品种，秋、冬甘蓝一般选择耐热、抗寒、优质、高产和耐贮藏的品种。

1.中甘21

"中甘21"是中国农业科学院蔬菜花卉研究所育成的春播甘蓝杂交种（图2-1）。早熟，生育期为55天左右。株型半直立，开展度中等，外叶绿色，

图2-1 中甘21

蜡粉少,叶球圆形、绿色,叶球中等大小,单球重约1.0千克,中心柱短,小于球高的一半,叶球内部结构细密,紧实度中等,不易裂球。感黑腐病和枯萎病,抗病毒病。耐抽薹。适宜在北京、安徽、福建等地区采取春季露地种植或者夏季在冷凉地种植,避免秋季在枯萎病、黑腐病严重地区种植。

2.中甘628

"中甘628"是中国农业科学院蔬菜花卉研究所育成的春甘蓝杂交种(图2-2)。早熟,生长期为54天左右。外叶圆形,绿色,蜡粉少。叶球圆形,绿色,单球重约1.0千克。中心柱长度中等,约为球高的一半。叶球内部黄色,结构细密,结球紧实,耐裂性中等。感黑腐病,中抗枯萎病,抗病毒病。耐先期抽薹。

图2-2　中甘628

3.京丰1号

"京丰1号"是中国农业科学院蔬菜花卉研究所育成的春、秋甘蓝杂交种(图2-3)。晚熟,生长期为85天左右。外叶圆形,绿色,蜡粉中等。叶球扁圆形,绿色,单球重约2.9千克。中心柱长度短,小于球高的一半。叶球内

叶白色,结构细密,结球紧实,不易裂球。感黑腐病、枯萎病,耐热,耐抽薹。适宜在北京、天津、河北、安徽、江苏等地区采取春、秋季露地种植。

图2-3 京丰1号

4.中甘暄菜

"中甘暄菜"是中国农业科学院蔬菜花卉研究所育成的保护地、露地兼用春甘蓝杂交种(图2-4),整齐度高。早熟,生长期为45～50天。植株开展度为42～48厘米,外叶为14～16片,蜡粉少,叶球圆形,中心柱长度中等,约为球高的一半,单球重约1.0千克,亩产可达4 000千克。耐抽薹,低温生长速度快。叶球颜色亮绿,内部结构细密,结球较疏松,叶质脆嫩,口感清甜,品质优良,手撕爆炒与凉拌俱佳。

5.春秋婷美

"春秋婷美"是江苏省农业科学院蔬菜研究所育成的春、秋甘蓝杂交种(图2-5)。中熟,定植后70～75天成熟。生长势旺,开展度为57～62厘米,球形美观,球形指数约为1.47,单球重约为1.4千克。抗黑腐病、病毒病,中抗枯萎病,耐寒性好。适宜在安徽、江苏等地作为春甘蓝和秋甘蓝

栽培。

图2-4　中甘暄菜

图2-5　春秋婷美

6.春丰

"春丰"是江苏省农业科学院蔬菜研究所育成的春甘蓝杂交种（图2-6）。株型中等，稍竖立，开展度为70厘米左右。叶色灰绿，蜡粉中等，总外叶数为24片左右。叶球胖尖形，球形指数为1.2左右，单球重1.2～1.5千克，中心柱长为球高的46%。抗黑腐病、枯萎病，耐寒，不易先期抽薹。适宜在江苏、上海、浙江、安徽、云南、贵州等地越冬栽培。

图2-6　春丰

7.苏甘8号

"苏甘8号"是江苏省农业科学院蔬菜研究所育成的夏、秋甘蓝杂交种。株高25.0厘米，开展度为60～70厘米，叶球扁平，球形指数为0.62，叶球较紧实，单球重2.0千克左右，叶色绿、蜡粉中等、叶缘微下卷，外叶数为12～14片。抗病毒病，中抗黑腐病、枯萎病，耐高温能力强，夏季32 ℃以上高温条件下生长正常。适宜在江苏、安徽、云南、贵州等地夏、秋季节栽培。

8.争牛

"争牛"是上海市农业科学院育成的秋甘蓝、越冬甘蓝杂交种。株型直

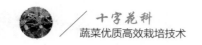
立,开展度为53厘米左右,外叶宽,呈倒卵形,叶色深绿,蜡粉较轻,叶球呈牛心形,紧实度为0.5以上,叶球内呈浅黄绿色,口感糯嫩,品质好,球高20厘米,球径为14厘米,中心柱长8.5厘米,小于球高的1/2,平均单球重1.0千克。该品种冬性强,耐抽薹,可作为越冬春甘蓝栽培,生育期为140天左右。同时较抗黑腐病,也可作为秋甘蓝栽培,以补充秋、冬季牛心甘蓝的供应,适宜在长三角地区春、秋两季种植。

9.早夏16

"早夏16"是上海市农业科学院育成的夏甘蓝杂交种。全生育期为80～90天,植株直立,整齐度高,开展度比"夏光"小,可适度密植。叶色较深,蜡质厚,耐热性、抗逆性强,抗病毒病兼抗黑腐病。叶球扁平,结球早,商品性好,产量高,每亩产量为2 600千克左右。适宜在江南地区高温、高湿季节栽培,北方一些地区亦可栽培。

二 栽培季节

结球甘蓝喜温和、冷凉气候,但对寒冷和高温气候也有一定的忍耐能力,并且叶球易于贮藏和运输,通过选择不同类型、不同熟性的品种分期播种和异地调节,可达到周年供应。

1.秋季栽培

秋季冷凉的气候适宜甘蓝生长,因此秋甘蓝一般产量较高、品质优。适当发展秋甘蓝,对调节淡季蔬菜供应,增加市场蔬菜品种具有重要的作用。秋甘蓝多在夏季播种,秋末冬初收获。秋甘蓝生长中后期进入低温季节,不利于病虫害的发生,因此很少施药或不施药,而且栽培容易,营养积累高,有利于优质高产。秋甘蓝还有一个特点,就是耐长途贮运,供应期长,有利于调节上市。

2.春季栽培

春甘蓝一般于冬春育苗,春栽夏收。此期由于低温期长,不利于生长,但有利于发育,若是栽培季节掌握不好,容易引起先期抽薹。安徽地区可以在10月中旬至12月播种,如果采用地膜或小拱棚栽培,播种期可适当提前。

3.夏季栽培

夏甘蓝一般于早春育苗,晚春栽培,夏秋收获。由于此期气候炎热,不适宜甘蓝生长,所以产量低,品质差,成本高,病虫害严重。为了克服这些问题,可进行适地生产,如可以利用高海拔地区进行栽培,于3—4月份采用小拱棚或露地育苗,4—5月份定植,6月下旬至10月上旬上市。

4.越冬栽培

越冬甘蓝一般于夏秋育苗,秋冬栽培,冬春收获,此时是蔬菜供应淡季,特别是进入2月份,秋甘蓝已经全部售完,冬贮白菜因失水而品质变劣,这时刚上市的新鲜越冬甘蓝便备受消费者青睐。越冬甘蓝由于结球期处于冬季低温阶段,病虫害发生较少,产品质量有保障。

三　播种育苗

有条件的地方可采用工厂化育苗。冬春季采取塑料棚、日光温室等设施育苗,可用地热线或锅炉管道等设备加热;夏秋季采用覆地遮阳育苗。春甘蓝一般在12月下旬至翌年1月上旬播种;夏甘蓝在3月下旬至7月上旬均可播种,相对集中在5月份;秋、冬甘蓝在7月下旬至8月下旬播种。采用穴盘基质育苗或在大田苗床地育苗,每亩需40～50克种子。播种前,基质或育苗床土可用多菌灵或百菌清消毒。出苗期保持穴盘基质或苗床水分充足,出苗后遵循见干见湿的原则进行水分管理。

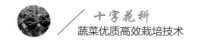

1.穴盘育苗

一般选择72孔穴盘播种。将消毒后的基质装入穴盘,基质与盘面平齐,孔穴网格清晰可见,然后打孔播种,孔深约为0.5厘米,每穴播1粒种子,播后覆盖基质或蛭石,喷淋浇水至穴盘底部渗出水滴为宜,上面覆盖一层薄膜(保温保湿)或遮阳网(降温保湿)。

2.苗床地育苗

应选择地势稍高、土壤肥沃、浇灌方便的地块作为苗床,结合整地每平方米施氮磷钾三元复合肥30~40克,深翻耙细土块,整平床面。播种前一天苗床浇足底水,将种子与干细土或细沙按1:5(体积比)混匀后撒播,播后床面覆盖0.8~1.0厘米厚的营养土。控制肥水用量,幼苗3片真叶时分苗或者按株距、行距均为6~7厘米间苗,幼苗长至6~8片叶时即可定植。

（四）整地施肥

结球甘蓝的根系比白菜类蔬菜根系分布范围更宽且深,一般在种植之前应深翻土壤。选择肥沃的田块栽植,可利用前茬作物为黄瓜、菜豆、马铃薯的地块。切忌与十字花科蔬菜作物连作或重茬,否则病虫害严重、产量低。在清理干净杂草及前茬残留枝叶的基础上,每亩施腐熟有机肥4 000~5 000千克或商品有机肥500千克、氮磷钾三元复合肥50千克,有条件的可以施用适量的微生物菌肥,然后耕翻耙平,铺设滴灌带,春、夏季栽培时要覆盖地膜。皖北地区多以垄作或平畦为宜,既可浇水又便于排涝;皖中、皖南地区多采用高畦栽培,也有利于排灌。

（五）栽培密度

栽培密度因品种、气候、肥水条件等而异,适当密植能增产,但是单株产量低,还会延迟收获。一般早熟品种每亩定植3 500~5 000株,中熟品种

每亩定植2 200～3 000株,晚熟品种每亩定植1 800～2 200株。

六 田间管理

1.追肥

早熟品种生育期短,应以基肥为主,中、晚熟品种生长期较长,除基肥外,还应增施追肥。植株需氮量较高,所以氮肥较重要;结球开始之后最需要钾肥,用量几乎与氮肥相等;磷肥对结球的紧实度至关重要,可以增加叶片数,除作基肥外,在结球期分期进行叶面喷施,对促进结球也有良好的效果。追肥的重点在莲座期的后期、结球前期及中期,以氮、钾肥为主,适当配合磷肥。莲座期蹲苗结束后、结合浇水亩施氮肥3～5千克。从结球开始要增施钾肥,结合浇水亩施氮肥2～4千克、钾肥1～3千克,同时用0.2%磷酸二氢钾溶液喷施1～2次,以促进结球紧实,提高甘蓝的产量与品质。此外,春甘蓝追肥要注意冬控春促。

2.水分管理

结球甘蓝的生长发育需要充足的水分,在栽培过程中需要多次灌溉。

(1)苗期:一般播种时需要浇透底水,出苗后视墒情浇水,要见干见湿,防止幼苗徒长。

(2)莲座期:定植时浇透定根水,1～2天后浇一次缓苗水。莲座期要控制浇水,控水时间因品种熟性而不同,一般早熟品种不宜过长,以10天左右为宜;中晚熟品种较长,在15天以上。从栽培季节来说,春、秋甘蓝生长速度快,控水时间宜短;夏、冬甘蓝生长速度慢,控水时间可长一些。莲座期的控制浇水,既要保持一定的土壤湿度,使莲座叶有充分大的同化面积,又要控制水分不宜过多,迫使内短缩茎的节间缩短,从而能使结球紧实。忌过分控水,以免使叶片短小,影响产量。到莲座末期开始结球时,应灌大水。

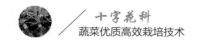
（3）结球期：进入结球期，叶球生长速度加快，需水量也增多，应根据天气经常浇水。一般每隔一定天数，地面见干就浇水，直到收获前5～7天或叶球抱紧后停止浇水。结球期浇水要注意控制水量，若水分不足，则结球小，且疏松不紧实；若水分过多，叶球易裂开，失去商品价值。

3.中耕、培土及除草

从缓苗后到植株封行前，中耕除草2～3次。第1次中耕宜深，要全面锄透，以利保墒、促根生长。进入莲座期后，宜浅锄，并进行培土，以促进多生侧根，有利于结球。大雨或灌水后适时中耕除草，同时进行培土。

（七）病虫害防控

结球甘蓝的病害主要有软腐病、霜霉病、黑腐病、黑斑病、菌核病、病毒病等，虫害主要有蚜虫、鳞翅目食叶害虫、黄曲条跳甲等。

1.主要病害防治方法

（1）软腐病：主要发生在生长中后期，多在包心期发病。多从外叶叶柄或茎基部开始侵染，形成褐色水渍状不规则病斑。后迅速发展，使根茎、叶柄、叶球腐烂变软。有时可以看见茎基部有乳白色菌脓，而且有恶臭味。该病初侵染源来自病株、种株和落入土壤或肥料中未腐烂的病残体。田间主要由雨水、灌溉水传播，部分昆虫如黄曲条跳甲、菜粉蝶、菜螟等也能体外带菌传播。防治方法参见第一章第一节大白菜的软腐病的防治方法。

（2）霜霉病：主要危害叶片，严重时也危害叶球。苗期染病，叶片初生白色霜状霉，后可枯死。成株发病初期，在叶面出现淡绿色或黄色斑点，后扩大为黄色或黄褐色病斑，受叶脉限制而呈多角形或不规则形。空气潮湿时，病叶背面布满白色至灰白色霜状霉层。防治方法参见第一章第一节大白菜的霜霉病的防治方法。

（3）黑腐病：幼苗发病，子叶呈水渍状，逐渐枯死或蔓延至真叶，真叶的叶脉上出现小黑点或细黑条。成株发病，多危害叶片，呈"V"形淡褐色病斑，边缘常有黄色晕圈，病部叶脉坏死变黑，并向两侧或内部扩展，致周围叶肉变黄或枯死。天气干燥时呈干腐状，空气潮湿时病部腐烂，但不发臭，有别于软腐病。病菌在种子内或采种株上及土壤病残体里越冬，在田间借助雨水、昆虫、农具、肥料等传播。连作、高温多雨、秋季栽培早播早栽，或虫害严重，易引起病害流行。防治方法：①收获后及时清除病残株；②选用抗病品种，从无病地采种，进行种子消毒处理，适时播种；③发病严重的地块与非十字花科作物轮作2～3年；④及时拔除病苗和防治害虫，减少植株伤口；⑤成株发病初期，用14%络氨铜水剂350倍液，或60%琥铜·乙膦铝可湿性粉剂600倍液，或77%氢氧化铜（可杀得）可湿性粉剂500倍液，每隔7～10天喷施1次，连续喷施2～3次。

（4）黑斑病：主要危害叶片。初期在叶面产生水渍状小点，后逐渐变成灰褐色近圆形小斑，边缘常具暗褐色环线。随病害的发展，病斑呈同心轮纹，最后发展成略凹陷的较大型斑。空气潮湿时，病斑两面产生轮纹状的黑色霉状物，严重时叶片枯死。病菌以菌丝体或分生孢子在病残体、种子或冬贮菜上越冬，翌年产生的孢子从气孔或直接穿透寄主表皮侵入，借助风雨传播。发病环境均需高湿。地势低洼、管理粗放、缺水缺肥的田块，植株长势差，抗病力弱，一般发病重。防治方法：①种子消毒，用50℃温汤浸种，也可用种子重量0.3%的50%异菌脲（扑海因）可湿性粉剂拌种，或用种子重量0.4%的50%福美双可湿性粉剂拌种；②适期播种，实行轮作，施用经过腐熟的优质有机肥，增施磷、钾肥；③适时适量浇水，雨后及时排除田间积水；④将病叶、病残体及时清除至田外，深埋或烧毁；⑤发病初期，可用50%异菌脲（扑海因）可湿性粉剂1 000倍液，或50%灭霉灵可湿性粉剂800倍液，或50%福美双可湿性粉剂500倍液，或40%灭菌丹可湿性粉

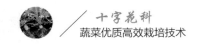

剂400倍液,或64%噁霜·锰锌(杀毒矾)可湿性粉剂500倍液,或50%腐霉利(速克灵)可湿性粉剂1 000倍液,或70%代森锰锌可湿性粉剂400倍液等药剂喷雾,每隔7天喷施1次,连续喷施3~4次。

(5)菌核病:主要发生在生长中后期。常从茎基部或叶柄基部开始发病,病部常腐烂,表面长出白色棉絮状菌丝体,后期菌丝体凝结形成黑色菌核。病原菌主要以菌核随病残体在土壤中越冬或以菌核混在种子间越冬。翌年条件适宜时菌核萌发,产生子囊盘放射出子囊孢子,病菌借助气流传播,侵染危害。发病最适温度为20~25 ℃。地势低洼、排水不良、种植密度过大、田间通透性差、连续阴雨天、雨后积水则发病较重。防治方法参见第一章第一节大白菜的菌核病的防治方法。

(6)病毒病:苗期发病,叶片上产生褪绿病斑,叶脉附近叶肉变黄,并沿叶脉扩展。成株发病,嫩叶表现为叶色浓淡不均斑驳,老叶背面有黑褐色坏死环斑。有时叶片皱缩,硬而脆,新叶明脉。病毒在田间的寄主植物活体上越冬,还可在越冬菠菜和多年生杂草的宿根上越冬。第二年春天,主要靠蚜虫把病毒传播到春季种植的十字花科蔬菜上。一般高温干旱有利于发病,苗期6片真叶以前容易受害发病,被害越早,发病越重。连作地块、与十字花科蔬菜邻作的地块,或秋季播种较早、地势低洼、排水不良、管理粗放、缺水、缺肥、氮肥施用过多的地块,发病较重。防治方法参见第一章第一节大白菜的病毒病防治方法。

2.主要虫害防治方法

(1)蚜虫:成、若蚜群集吸食叶片汁液,可造成叶片卷曲变形,植株生长不良。此外,蚜虫分泌蜜露诱发煤污病及传播病毒病,可使结球甘蓝产量降低,品质下降。防治方法参见第三章第一节萝卜的病虫害防控相关内容。

(2)鳞翅目食叶害虫:这是一类危害很大的害虫,在结球甘蓝上常见的有小菜蛾、菜粉蝶、甜菜夜蛾、斜纹夜蛾、甘蓝夜蛾等,以幼虫取食叶片为主。小菜蛾、斜纹夜蛾的防治方法可参见第一章第一节大白菜的病虫害防控相关内容。

(3)黄曲条跳甲:又名土跳蚤、地崩子,在全国各地均有发生,除危害甘蓝等十字花科蔬菜外,还危害瓜类、豆类。春、秋两季对甘蓝危害严重。成虫将菜叶啃食出许多小孔,甚至可将幼苗吃光;幼虫食根皮,咬断须根,使叶片从外到里枯黄。防治方法参见第一章第一节大白菜病虫害防控相关内容。

八 采收与采后处理

1.采收

当达到商品采收期、形成紧实的叶球时即可采收。为了提早供应,早熟品种一般只要叶球达到一定大小和相当的紧实程度,就可开始分期收获。中晚熟品种必须等到叶球长到最大和最紧实时,才集中1次或分2~3次收完。采收时,在无严重病虫害的菜田,选择生长正常、结球紧实的结球甘蓝,操作时应轻拿轻放,避免雨淋、暴晒。

2.采后处理与贮藏

(1)采后处理。采收后的结球甘蓝要摘除长叶、黄叶及伤残叶,去掉老根,保留2~3层外叶和2~3厘米长的根,以保护内部鲜嫩的叶球。根据结球甘蓝的品种、大小和采收成熟度进行分级,再用竹筐、塑料筐、纸箱等容器盛装,便于下一步运输。

(2)贮藏。用于贮藏的结球甘蓝不够干燥时,还需进行1~2天的摊晾,使外叶失去脆性。晾晒可减少机械损伤和病虫害,保护叶球,同时使采收的刀口愈合。采用筐(箱)堆或架藏的方式贮藏,贮藏的冷库以温度0~5℃、空气相对湿度85%~95%为宜,在此条件下可保存2~3个月。

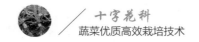
▶ 第二节 花 椰 菜

花椰菜别名菜花、花菜。19世纪中叶,花椰菜从欧洲和美国传入我国的南方,目前在我国各地菜区均有种植。花椰菜的食用部分是花球,其风味鲜美、粗纤维少、营养价值高,可短期贮藏保鲜,深受消费者欢迎,在蔬菜周年供应中占有重要地位。据联合国粮食及农业组织(FAO)统计,我国目前是全球最大的花椰菜生产国。花椰菜在我国已形成全国生产、全国调运、周年供应的格局。

一 品种选择

秋季栽培应选择高抗病毒病、耐热的早中熟品种;春季栽培则应选择耐低温弱光、冬性较强、抗病的中晚熟品种。

1. 雪球

"雪球"是天津市农业科学院蔬菜研究所育成的春季早熟花椰菜品种(图2-7)。株高45厘米,开展度为56厘米左右。叶片绿色,蜡粉中等。20片

图2-7 雪球

叶左右现花球。花球呈扁圆球形,紧实,洁白。单株花球重0.6~0.8千克。该品种表现为早熟、丰产,定植后50天左右收获,收获期较集中,尤适于春季早熟栽培。

2.神良青梗60天

"神良青梗60天"是浙江神良种业有限公司育成的杂交松花菜品种(图2-8)。早熟,生长快,株形大,耐热,耐湿,结球期适温17~28℃,高温期播种育苗定植,中温期采收,秋种定植后60天收获,花球品质佳、球形扁平、雪白松大,蕾枝青梗、梗长,肉质甜脆,每亩栽1 700~2 000株,单球重1.0千克。

图2-8　神良青梗60天

3.云山

"云山"是天津科润农业科技股份有限公司蔬菜研究所育成的秋晚熟和春季栽培两用型杂种一代花椰菜品种。春季栽培定植后60天左右成熟,株高50厘米左右,株幅55厘米左右,20片叶左右现花球,花球洁白紧实,品质优良,平均单球重1.0千克,5月中旬上市,亩产2 500～3 000千克。秋季定植后85天左右成熟,株高85厘米左右,株幅90厘米左右,叶片深绿,叶面光滑,蜡质厚,叶片呈阔披针形。花球洁白、紧实,呈半圆形。平均单球重1.8千克,亩产可达4 000千克以上,抗病性强。

4.银冠80天

"银冠80天"是上海长征蔬菜种子公司育成的中熟花椰菜品种,具有生长快、抗病、耐湿、耐热、耐寒,花球紧实、洁白,产量高,商品性好等特点。定植后70天收获。生长势强,抗黑斑病。植株高65厘米,开展度为66厘米,外叶约17片,叶片呈宽披针形,深绿色,叶脉扁平清晰,叶缘呈细锯齿形,叶面平滑有蜡质。花球半圆形,洁白紧实,单球重1千克左右,肉质细致、品质佳。

5.一代神良130天

"一代神良130天"是浙江神良种业有限公司育成的晚熟品种。抗逆性强,根部发达;花球洁白,松散有致,呈半松状;叶片特黑、特长;蕾茎稍长,呈淡绿色;容易栽培,生长快,单球重2.0～3.0千克;耐－5℃短时低温,抗冻。

6.瑞雪特大100天

"瑞雪特大100天"是浙江瑞安登封种业育成的中晚熟花椰菜品种。从定植到采收需要100～110天,具有长势强、较耐寒、优质、高产、稳产等优点,株型矮壮,叶片圆、厚,较平,色灰绿,蜡粉较多,花球高圆,色白,紧实,三叠,单球重约2千克。

二 栽培季节

秋季栽培于7—8月份播种，8—9月份定植，11—12月份收获；春季栽培于11—12月份育苗，翌年1—2月份定植，3—5月份收获。

三 播种育苗

花椰菜的育苗方法与结球甘蓝相同，可参照结球甘蓝进行。亩用种量为20~30克。秋季苗龄30天左右时，春季幼苗长至6~8片叶且土壤5厘米深处的地温稳定在5℃以上时即可定植。

四 整地施肥

花椰菜适宜的前后茬作物大体与结球甘蓝相同。花椰菜喜湿润环境，但耐涝力差，选择排水良好的壤土或黏质壤土田块。一般每亩施腐熟的有机肥3 000~5 000千克或商品有机肥1 000千克、氮磷钾三元复合肥50千克、硼砂1千克及钼酸铵50克，作为基肥。在多雨地区及地下水位较高的地区，如皖南，可采用深沟高畦栽培，以利于排水。一般深翻土壤20~30厘米，耙碎整平后，做成宽1~1.2米、高20~25厘米的高畦，四周开宽30厘米、深20厘米的排灌沟，铺设滴灌设施，覆盖地膜。平原地区，如皖北，栽培花椰菜时的整地方法与结球甘蓝相同。

五 栽培密度

大田栽培一般每畦种植2行，呈三角形交替排列种植，以尽可能扩大植株的生长空间，提高光能利用率。早熟品种可适当密植，每亩种植2 200~3 000株，中晚熟品种每亩种植1 800~2 000株。

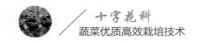

六 田间管理

1.追肥

花椰菜对硼元素、镁元素和钼元素较为敏感，追肥时要注意配合施用。为使花椰菜品质更为细嫩，应以氮肥为主，适量施用磷肥，提高钾肥和微量元素肥料的施用量。早熟品种在施足基肥的前提下，追肥要早施、勤施，并以速效肥为主；中晚熟品种因其生育期相对较长，应混合施用速效肥与缓释肥，在叶簇生长期分期施用速效肥，当花球开始形成时应加大施肥量。缓苗后每亩施尿素7.5～10.0千克；花球初现时，早熟品种每亩追施25千克复合肥，中晚熟品种追施30千克复合肥作为花球肥；花球膨大中期开始喷施0.1%～0.5%硼砂溶液或0.5%～1.0%磷酸二氢钾溶液，每隔3～5天喷施1次，连续喷施2～3次。

2.水分管理

花椰菜喜湿润但不耐涝，缓苗后至花球采收期，要保持墒面湿润，特别是花球发育期，要有充足的水分供应，但切记不可漫灌。同时，还要做好雨后清沟排渍工作。

3.中耕、培土与覆盖花球

花椰菜的中耕培土与结球甘蓝相同。花椰菜的花球在阳光直射下容易由白色变成淡黄色或紫色，并长出小叶，降低食用品质。因此，要适时遮阳保护花球。一般将靠近花球的2～3片叶折覆于花球表面，不让阳光直接照射花球，这是保证花椰菜品质的技术措施之一。束叶一般在花球直径达10厘米左右时进行。

七 病虫害防控

花椰菜的病害主要有黑腐病、黑斑病和霜霉病等，其症状和防治方法

与结球甘蓝相同。花椰菜的虫害主要有蚜虫、小菜蛾、菜粉蝶及多种夜蛾等,应选用高效、安全的杀虫剂及时防治。

八 采收与采后处理

1.采收

应在花球充分长大,表面圆正,茎部花枝略有疏松,边缘花枝开始向下反卷,但尚未散开时采收。采收时花球外保留5～6片小叶以保护花球,以免在装运过程中损伤变质。

2.采后处理与贮藏

采收后的花椰菜,按照花球大小进行分装即可上市。花椰菜耐短期贮藏,一般可放置3～5天;若以塑料袋包装,并置于温度0～4 ℃、空气相对湿度80%～90%的条件下,可保鲜1个月。

▶ 第三节 青 花 菜

青花菜又名绿菜花、西蓝花,原产于地中海沿岸,19世纪末至20世纪初传入我国。青花菜因食用由肥嫩的花梗和花蕾组成的绿色花球而得名。青花菜质地柔软,风味清香,营养丰富,食用方便,可煮食、炒食和汤食。青花菜是结球甘蓝进化为花椰菜过程中的中间产物,其适应性较花椰菜强,栽培容易,收获期和供应期长,在福建、广东、云南等南方省份已经普遍栽培。近年来,随着城乡居民对多样化蔬菜的需求,各地的青花菜栽培面积逐年扩大,并且由传统的散户种植逐渐过渡到当前的规模化种植,由过去的出口为主转变为"出口+内销"的双流通格局,且内销呈逐年增加的趋势。目前,我国青花菜栽培面积约180万亩,总产量居全球首位。

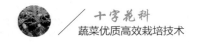

一 品种选择

选用优质高产、抗病及抗逆性强、适应性广、球形圆整、花球紧实、蕾粒均匀、适合市场需求的品种。春季生产选择早熟、耐低温弱光、冬性强的品种,夏季生产选择早熟、耐热、对病虫害多抗的品种,秋季生产选择耐热、抗病毒病、株型紧凑的品种,冬季生产选择耐寒、株型紧凑、花球紧实的中熟或晚熟品种。

1.中青15

"中青15"是中国农业科学院蔬菜花卉研究所育成的中晚熟青花菜雄性不育杂交种(图2-9),从定植到收获需70~80天。株型直立,开展度中小,外叶绿,蜡粉多,侧枝少。花球紧实,球形高圆,球色蓝绿,蕾细匀,单球重为0.6~0.8千克,丰产性好。适宜我国华北、华中、东北、长江流域等地春季露地种植,以及甘肃、内蒙古、河北张家口等地越夏露地种植。

图2-9 中青15

2.中青60

"中青60"是中国农业科学院蔬菜花卉研究所育成的中早熟青花菜品种(图2-10),从定植到收获需65~70天。株型半直立,花球高圆,球色深

绿,蕾细匀,紧实,高产,春季耐抽薹,耐雨水性好,春、秋两用品种,秋季田间保持力好,可鲜食和加工。

图2-10　中青60

3.美青

"美青"是浙江美之奥种业股份有限公司育成的中熟青花菜品种,定植后80天左右收获。花球整齐,高球形,蕾粒中等,颜色浓绿,株形直立,遇低温不发紫。

4.美青90

"美青90"是浙江美之奥种业股份有限公司育成的中熟青花菜品种。生长势旺,植株直立;中晚熟,定植后85天左右开始收获,适宜栽培密度为每亩定植2 200~2 500株。花球丰满、半球形,紧实,单球重0.5千克左右;蕾粒粗细中等,低温下花青素少量形成,微紫。

5.三月青

"三月青"是武汉亚非种业有限公司育成的晚熟青花菜品种。生长势旺,抗病耐寒性好,花球圆整,籽粒均匀,球色深绿,商品性佳。产量高,单

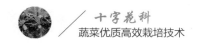

球重0.5~0.8千克。株型半直立,有低温生长性,茎梗颜色深绿,是3月蔬菜供应淡季时上市的好品种。

6.领秀4号

"领秀4号"是天津市农业科学院蔬菜研究所选育的早中熟青花菜雄性不育一代杂种,从移栽到收获需65天左右。株型较直立,株高约75厘米,开展度约60厘米,花球周正、紧实,单球重约0.6千克。花蕾绿色,蕾粒大小匀细,遇低温不变紫;花梗较短,色绿;主茎不易空心。

7.浙青75

"浙青75"是浙江省农业科学院蔬菜研究所育成的中熟青花菜品种(图2-11),定植后75天左右可以采收。低温条件下花球不易发紫,蕾粒中粗,花球呈蘑菇形,蕾色深绿,花梗较长。

图2-11　浙青75

8.浙青100

"浙青100"是浙江省农业科学院蔬菜研究所育成的晚熟青花菜品种(图2-12),定植后100~110天收获。耐寒性强,低温条件下不易发紫。花蕾半球形,花球美观,球形紧实,蕾粒中细,较均匀。蕾色不易黄化,蕾色绿。株型直立,长势强健。可用于鲜销、保鲜加工或速冻。

图2-12　浙青100

9.台绿6号

"台绿6号"是台州市农业科学研究院育成的中晚熟青花菜品种,从定植至采收需87天左右。株型半直立,平均株高65.4厘米,开展度为86.9厘米,平均侧枝数为4.7个,叶片长椭圆形,叶面蜡粉中等,最大叶为64.2厘米×25.3厘米,花球横径为14.5厘米、纵径为10.8厘米,茎粗4.9厘米,平均单球重约0.5千克,每亩产量1 321.1千克。花球高圆形,蕾粒中细,球色在低温下不发紫,鲜食口感佳。

（二）栽培季节

青花菜对外界环境适应性较强，在生产中采用适当的栽培技术及设

施可达到周年生产和均衡供应。春季生产于12月下旬至翌年2月下旬播种，高山越夏生产于4—5月份播种，秋季生产于6月上旬至7月上旬播种，冬季生产于8月中旬至11月中旬播种。

三 播种育苗

春季栽培选择播期很重要，早播易先期现蕾，迟播易影响产量和品质。培育适龄壮苗和防治过早现蕾是育苗的关键。青花菜育苗应注意营养土配制和温湿度管理，防止营养不足或管理不当引起徒长，进而影响产量和品质。青花菜的育苗方法与结球甘蓝相同，可参照结球甘蓝进行，亩用种量为20～30克。

四 整地施肥

青花菜植株高大，生长快，对土壤营养条件要求高，应选择排灌方便、土壤疏松肥沃、保肥保水性好的田块进行栽培，避免与十字花科作物连作。定植前每亩施腐熟有机肥2 500～3 000千克，氮磷钾三元复合肥（N–P–K为18–7–20）30～35千克或尿素10千克、过磷酸钙30千克、硫酸钾10千克，硼砂0.5～1.0千克为基肥。利用旋耕机深耕耙平，整地做畦，整地方式与花椰菜相同。

五 栽培密度

当青花菜长至真叶5～6片时，在阴天或晴天傍晚进行移栽，每畦定植2行。根据品种、土壤肥力、花球大小确定适宜的栽培密度，一般中等肥力田块，早熟品种每亩定植2 600～2 800株，中熟品种每亩定植2 400～2 500株，晚熟品种每亩定植2 000～2 200株。定植宜浅，浇足水。

六 田间管理

1.追肥

促进营养生长使其在现蕾前形成足够的营养面积是获得青花菜丰产的前提条件。缓苗后10~15天，每亩施平衡型大量元素水溶肥（N-P-K+TE为20-20-20+TE）3~5千克；开始现蕾前，每亩施高钾水溶肥（N-P-K+TE为16-6-30+TE）6~10千克+0.1%硼酸和钼酸铵溶液；花球直径在2~3厘米时，结合浇水每亩施高钾水溶肥（N-P-K+TE为16-6-30+TE）6~10千克，同时用0.2%磷酸二氢钾进行叶面喷施1~2次。若要收侧花球，采收顶花球后，每亩施高钾水溶肥（N-P-K+TE为16-6-30+TE）6~10千克。

2.水分管理

青花菜喜湿，在生长过程中需水较多，整个生育期保持土壤湿润，特别是在花球发育期，如遇干旱季节缺水会影响产量和质量。青花菜不耐涝，忌大水漫灌，雨天要及时排水，现蕾后浇水勿淋湿花球。莲座期应适当控制浇水，防止植株徒长而形成小花球。青花菜在收获前1~2天浇1次水可提高产品产量和质量，也有利于延长贮藏时间。

3.温度管理

缓苗期要提供适宜的温度和水分，以促进早缓苗，夏秋高温季节需早晚各淋1次水以降温保湿，早春则利用地膜保温保湿，白天温度保持在18~25℃，夜间温度保持在15~20℃；缓苗后到长出小花球期间，白天温度保持在20~25℃，夜间温度保持在15℃左右；花球形成期白天温度保持在20~22℃，夜间温度保持在10~15℃。冬季保护地栽培，寒潮来临前注意防冻；夏秋高温时注意降温。

七 病虫害防控

青花菜植株生长势旺，抗（耐）病性较强，生产中常见的病害有黑腐

病、霜霉病和菌核病等,其症状特点、传播途径和防治方法参考结球甘蓝,主要害虫种类及其防治方法同结球甘蓝。

八 采收与采后处理

1.采收

青花菜以发育完全的花球为产品,适收期短,若采收不及时易抽生花枝、花蕾过粗甚至开放,从而失去商品价值。如采收过早,则花蕾没有充分发育,花球小,产量低。青花菜以花球充分膨大,表面圆整,花球紧实、边缘未散开为采收标准。青花菜的采收宜在早晚进行,收割时连同7~10厘米的嫩茎并带3~4片嫩叶平割,要轻装轻运。

2.采后处理与贮藏

青花菜经过采摘、挑选分拣,采用聚苯乙烯泡沫箱装载,装箱后当即加盖置入冷库。为延长保鲜时间,可采用打孔聚乙烯薄袋进行单个包装,打孔可起到良好的自发气体调节功能。冷库贮藏条件应为温度0~4℃、相对湿度90%~95%。

▶ 第四节 芥 蓝

芥蓝是起源于我国华南地区的一种特产蔬菜(图2-13),栽培历史悠久,别名白花芥蓝,以幼嫩、肉质的花薹和嫩叶供食用,有的地方也采收抽薹前的幼嫩植株供食用。芥蓝由于含淀粉多,口感不如菜薹柔软,但十分爽脆,别有风味,可炒食、凉拌或用作拼盘。由于叶色翠绿,芥蓝已经成为宴席上一道很受欢迎的菜色。芥蓝的主要产区在华南诸省,尤其以广东省最为普遍,其在安徽主要是作为特色蔬菜栽培。

图2-13 芥蓝

一 品种选择

选择抗病、优质、高产、商品性好、适合市场需求的品种。芥蓝有早熟、中熟、晚熟品种,一般夏秋季栽培宜选择生长周期短、耐湿热、抽薹快的早中熟品种,冬春季栽培宜选择株型大、侧芽多、花球大、冬性强的晚熟品种。

1.夏翠芥蓝

"夏翠芥蓝"是广东省农业科学院蔬菜研究所育成的杂交一代芥蓝新品种。早熟,生长势较强,株型直立,株高36厘米,开展度为34厘米。叶片

椭圆形,肥厚微皱,浅绿色,蜡粉少。茎圆、粗壮、均匀,节间中长,纤维少,可食部位鲜嫩,爽甜可口,品质优。薹长17～20厘米,主薹粗2.0～2.5厘米,单薹重110～150克。

2.秋盛芥蓝

"秋盛芥蓝"是广东省农业科学院蔬菜研究所育成的杂交一代芥蓝新品种。中早熟,品质优,商品性好。叶片圆形,叶长20厘米,宽21厘米,薹长15厘米,主薹粗2.2～2.8厘米,单薹重120～180克。耐涝性和抗病性较强,适应性较广。

3.冬强芥蓝

"冬强芥蓝"是广东省农业科学院蔬菜研究所育成的杂交一代芥蓝品种。中晚熟,生长势强,株高23.7厘米,开展度为34.8厘米。叶片近圆形,绿色,叶面皱缩,叶长17.4厘米,叶宽18.3厘米,叶柄长8.2厘米。菜薹深绿色,薹长18.2厘米,主薹粗2.1厘米,单薹重约130克。品质优。

4.沪芥1号

"沪芥1号"是上海市农业科学院选育的早中熟芥蓝品种,播后50～60天可采收。株型直立,株高32～36厘米,开展度为32～35厘米。叶片呈卵形、较平滑,叶色绿,叶柄短,蜡粉中。薹茎呈长纺锤形,节间中长,薹长18～22厘米,主薹粗2.0～2.5厘米,单薹重110～150克,每亩产量为900～1 200千克。抗病性强,高抗霜霉病。春、秋季均可露地栽培,尤其以秋季栽培品质、产量佳。

5.京紫2号

"京紫2号"是北京市农林科学院蔬菜研究所选育的晚熟芥蓝品种,生育期为80天左右。株高31.4厘米,开展度为50.2厘米,叶片呈卵圆形、深绿色、有光泽,叶片和菜薹无蜡质,菜薹深紫色,薹长25.0厘米,主薹粗2.04厘米,单薹重65～115克,口感脆嫩,可多次采收,每亩产量为1 000～1 300千

克,适合广州等南方地区秋冬季和菜场基地种植。

二 栽培季节

芥蓝的春季栽培于12月份至翌年1月份播种,秋季栽培于8—9月份播种,冬季栽培于9—10月份播种,安徽以秋、冬季栽培为主。

三 整地施肥

芥蓝对土壤的适应性广,沙土和黏土均可栽培,选择地势平整、交通便利、排灌方便、土质疏松肥沃、保水保肥能力好的田块栽培,避免与十字花科蔬菜连作。深翻土壤15～20厘米,结合整地,中等肥力田块每亩施腐熟的有机肥3 000千克左右,然后打碎耙平,整地做畦,一般北方多采用平畦栽培,江南多雨地区注意挖深沟排水。

四 播种育苗

芥蓝一般采用育苗移栽,播种方法与结球甘蓝相同。每亩用种量为40～50克。育苗期间注意去杂去劣,长至5片真叶时即可定植。

五 栽培密度

芥蓝的栽培密度应根据品种、栽培季节与管理水平而定。一般早熟品种株行距为(13～16)厘米×(16～18)厘米,中熟品种株行距为(18～20)厘米×(18～20)厘米,晚熟品种株行距为(20～30)厘米×(25～30)厘米,采用设施栽培时种植密度可适当减小。

六 田间管理

1.追肥

芥蓝须根发达,但分布浅,对养分和水分的吸收能力中等,且芥蓝的生长期和采收期较长,所以施肥应掌握"基肥与追肥并重"的原则。定植

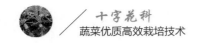
后1周,每亩视苗情追施尿素5~15千克;植株现蕾后的菜薹形成期是芥蓝最需要肥水的时期,此时每亩可追施氮磷钾三元复合肥15千克;主薹采收后,每隔1周每亩追施氮磷钾三元复合肥10千克1次,连续追施2~3次,并经常浇水。

2.水分管理

芥蓝定植时要浇足定植水以促发新根,使其迅速恢复生长。整个生长期要经常浇水,保持土壤湿润。干旱天气应早、晚各淋一次水,雨季注意排水。芥蓝叶面积较大,叶片鲜绿、油润,蜡粉少,是水分充足、生长良好的标志;若叶面积较小,叶色淡且蜡粉多,则是缺水的表现,应及时浇水。

3.中耕除草

缓苗后至植株现蕾前应连续中耕2~3次,结合中耕及时除草,并应结合中耕进行培土、培肥。

七 病虫害防控

芥蓝的病害主要有霜霉病、菌核病、软腐病、黑斑病、黑腐病及病毒病等,虫害主要有小菜蛾、斜纹夜蛾、黄曲条跳甲等。防治方法可以参照结球甘蓝。

八 采收与采后处理

菜薹顶部与基叶长平,即"齐口花"时采收。采收主薹时要在植株的基部留5~6叶节的地方切下,采收侧薹则是在1~2叶节处切下,在基部留2片叶片。采收在清晨进行,用手套铁指甲或小刀切断菜薹。注意芥蓝要一边采收,一边按花薹的粗度和长度分级后放入不同筐中。芥蓝鲜嫩多汁,比较容易折断,通常情况下都是就地生产就地供应的,不适宜远距离运输。在采收之后,可以扎成整齐的小捆(图2-14)并用保鲜膜包扎,对于未能及时销售的芥蓝,建议在0~5℃的温度条件下进行冷藏保鲜。

图2-14 芥蓝捆扎

▶ 第五节 球 茎 甘 蓝

球茎甘蓝是十字花科芸薹属甘蓝种中能形成肉质茎的变种(图2-15),二年生草本植物,别名苤蓝、擘蓝、玉蔓菁,俗称甘蓝球。球茎甘蓝

图2-15 球茎甘蓝

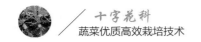
的食用部位是球形肉质茎,其肉质脆嫩,可鲜食、刻花、熟食或腌制。球茎甘蓝原产于地中海沿岸,16世纪时传入我国,现在全国均有栽培。球茎甘蓝既耐运输又耐贮藏,既能鲜食又是加工各种腌菜的重要原料。近年来,北方地区逐渐推广种植早熟球茎甘蓝,对调剂春、秋淡季蔬菜供应起到一定作用。

一 品种选择

目前我国栽培的球茎甘蓝基本是常规品种,且以地方品种居多,也有个别从国外引进的品种。一般春季栽培选用耐抽薹的早熟品种,秋季栽培选用优质、高产、适应性强的中晚熟品种。

1.翠宝1号

"翠宝1号"是邯郸市农业科学院蔬菜研究所育成的球茎甘蓝杂交新品种。植株长势旺,株高50厘米,开展度为55厘米,叶片直立,有效叶片数为12～13片,叶色灰绿,有蜡粉;球茎厚、扁圆,球径为14.5厘米,球高为9.4厘米,球色翠绿,表面光滑,叶痕小,皮薄;肉白色,口感脆甜,商品性好,单球重1.2千克左右,每亩产量为5 500千克左右。从定植到收获需60天,适合我国北方地区秋季露地种植。

2.沪苤1号

"沪苤1号"是上海市农业科学院园艺研究所育成的球茎甘蓝杂交新品种。从定植到采收需75天,生长势强,平均株高51厘米,开展度为60厘米。平均叶片数为14片,最大叶长42厘米,叶柄长12厘米,叶宽20厘米。球茎扁圆,球色鲜绿,球面光滑,球径为14厘米,球高为11厘米,单球重1.2千克。球茎总糖含量较高,肉质脆甜,食用品质优良。较抗黑腐病,平均每亩产量为3 931千克。

二 栽培季节

球茎甘蓝对气候的适应性较强,能在春、秋两季进行栽培,一般皖北地区可利用早、中熟品种在春夏或夏秋季节栽培两茬,皖南地区可在秋冬或冬春季节栽培两茬。春季栽培于1—3月份播种,秋季栽培于8—9月份播种。

三 整地施肥

选择土壤肥沃、保水保肥力强的田块,结合整地,每亩施腐熟有机肥2 000～3 000千克、氮磷钾三元复合肥30～50千克,深耕混匀,耙平做畦,一般北方做平畦,南方或多雨地区做高畦,畦宽1.2～1.5米。

四 播种育苗

球茎甘蓝一般采用育苗移栽,播种方法与甘蓝相同。每亩用种量为50克左右。长至5～6片真叶时即可定植。

五 栽培密度

球茎甘蓝的外叶着生稀疏,所以栽培密度一般比较大。早熟品种由于球茎不大,更适宜密植,一般按株行距(25～30)厘米×(30～35)厘米进行栽培,中晚熟品种按株行距(30～35)厘米×40厘米进行栽培。定植深度应以埋土至与子叶平齐、球茎可正常膨大为标准,若定植过深,球茎容易长成高圆形,定植过浅,球茎容易长成畸形。

六 田间管理

注重蹲苗,不可过早追肥浇水,否则易引起植株徒长,影响球茎发育,表现为叶片多、球茎小、成熟迟。因此,栽培上要求在球茎膨大中后期直径在4厘米以上时才开始浇水,并保持土壤湿润,防止土壤过干过湿、干

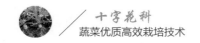

湿不匀,引起球茎开裂;同时,追肥1～2次,以促进球茎膨大,可一次亩施尿素或复合肥15～20千克。

1.追肥

植株长到10片叶左右时,每亩追施尿素15～20千克,球茎膨大中期和后期再每亩追施尿素10千克各一次。

2.水分管理

球茎甘蓝的灌溉,一般在幼苗定植后浇1～2次水,缓苗后进行中耕蹲苗,直到植株长到10片叶左右、球茎3～4厘米时才开始定期浇水,小水勤浇,保持土壤见干见湿。浇水间隔时间和每次浇水量尽量保持均匀,否则容易长成畸形球茎。如一次浇水过多,特别是缺水过久的情况下,浇水过多或遇大雨,会造成肉质茎开裂(图2-16)。

图2-16　肉质茎开裂

3.中耕除草与植株调整

定植缓苗后,及时中耕保墒,提高地温,促进根系发育。球茎开始膨大后,结合中耕可稍向球茎四周培土,但不能培土过深;球茎长到一定大小

时,若发现有向一侧偏倒时,可再次培土,使其正常直立生长。莲座叶封行后,停止中耕。球茎膨大中期要摘除老叶、黄叶,以便植株通风透光。摘除老叶时在球茎部位留4厘米左右的短柄,不要伤到球茎。

七 病虫害防控

球茎甘蓝的病害主要有霜霉病、菌核病、黑腐病、软腐病等,虫害主要有菜粉蝶、小菜蛾、甜菜夜蛾、蚜虫等,部分害虫的防治方法可参照结球甘蓝。

八 采收

球茎甘蓝定植后,早熟品种可在定植后50～60天根据市场情况适时采收上市,中熟品种60～80天上市,晚熟品种80～120天上市。采收标准根据品种和市场需求不同而不同,早熟或鲜食品种,宜在球茎未硬化时收获,以确保其品质;晚熟、加工型品种宜在球茎充分长大后收获,以提高加工质量。为了保证产品的新鲜和美观,采收时可以保留2～3片中心叶。

第三章

根菜类蔬菜

凡是以肥大的肉质直根为产品器官的蔬菜作物，统称为根菜类蔬菜。十字花科中的根菜类蔬菜主要包括萝卜、大头菜等。根菜类蔬菜可以炒食、煮食、腌渍、加工和生食，其产品器官耐贮藏、耐运输，货架寿命较长。多数根菜类蔬菜都较耐寒、喜冷凉，一般是在秋季冷凉季节和短日照条件下形成肥大的肉质根。根菜类蔬菜的产品器官营养丰富，富含碳水化合物，以及多种维生素和矿物质，又多具有食疗价值，有利于人体健康，故而颇受消费者欢迎。根菜类蔬菜栽培面积较大，是冬、春季的主要蔬菜。

第一节 萝 卜

萝卜为十字花科萝卜属一年生、二年生草本植物，在我国栽培历史悠久，已有六七千年的历史了。从西周到春秋的五六百年间，我国萝卜的栽培地域已发展到黄河流域中下游。贾思勰的《齐民要术》中，已有萝卜栽培方法的记载，到宋代栽培萝卜已较普遍。萝卜适应性强，如今在全国各地已经普遍栽培，是一种大众化蔬菜。

一 品种选择

萝卜的品种，依据根形可分为长、圆、扁圆、卵圆、纺锤、圆锥形等，依根的皮色可分为红、绿、白、紫等，依用途可分为菜用、水果及加工腌制等

类,依生长期的长短可分为早熟、中熟、晚熟品种,按栽培季节可分为春夏萝卜、夏秋萝卜、秋冬萝卜、冬春萝卜、四季萝卜。其中,按栽培季节的分类体系符合品种的生长发育特性和生产实际需要。

1.秋冬萝卜

秋冬萝卜为秋种冬收。其品种丰富,多为大型和中型种,生长季节的气候条件适宜,产量高,品质好,收期迟,耐贮藏,用途多,是萝卜生产中最重要的一类。栽培时应选品质好、产量高、耐贮藏的品种,如"浙大长萝卜""京研秋白""京红3号""京红5号""霍邱粉浆萝卜""枞阳萝卜""界首青萝卜""心美1号""盛青1号"等。

(1)"浙大长萝卜":叶丛半直立,株高60厘米,叶面有刺毛,裂叶。肉质根圆柱形,尾部尖,长50~70厘米,最大横径为9.5厘米。有1/2露出地面,皮肉均白色,表面光滑,侧根少,单根重1.5~3.0千克。生长期为80~90天。每亩产量为4 000~5 000千克。

(2)"京研秋白":利用雄性不育系选育的秋白萝卜杂交品种。花叶型,叶丛半直立,叶色深绿;肉质根长圆柱形,白皮白肉,平均根长33厘米,根直径7厘米,平均单根重1.5千克;肉质脆嫩,不易糠心,适于鲜食与加工。

(3)"京红3号":秋红萝卜一代杂交种(图3-1)。抗病毒病及软腐病。株型直立,叶数少,近板叶。肉质根近圆形,根长为15.0厘米,根直径为13.5厘米,平均单根重1.2千克。根皮鲜红,根肉白色。硫代葡萄糖苷含量为48.1微摩尔/100克鲜重,约比同类型品种多1倍。

(4)"京红5号":中型秋红萝卜新品种(图3-2)。生长期为80~85天,平展株型,花叶,叶色浅绿,叶片短小,叶数少,适合密植。根形圆正,皮色鲜红,表皮光滑,横纹少;小顶小根,商品性状优良。根长12厘米,直径13厘米,平均单根重1.3千克。平均每亩产量为5 000千克。

(5)"霍邱粉浆萝卜":又叫"青皮笨",是安徽省霍邱县河口镇汤家湾

图3-1　京红3号

图3-2　京红5号

农家特产品种(图3-3),远近闻名。该品种系当地农民长期施用粉浆水培育而成,故得此名。植株生长势较强,叶簇半直立,花叶,叶色绿,叶长30~40厘米,叶宽12~17厘米,小叶7~8对,肉质根圆筒形,长18~23厘米。

(6)枞阳萝卜:又称"蛋形萝卜",为安徽省枞阳县地方品种(图3-4)。

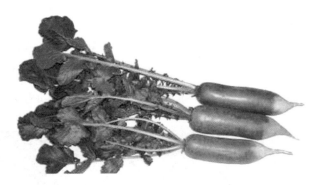

图3-3　霍邱粉浆萝卜

该品种品质优良,熟食时汤浑而又不成糊状,是安徽省著名的萝卜品种,主要分布在皖南及沿江地区。植株生长势旺,叶簇半直立,板叶绿色,叶缘有浅裂。肉质根卵圆形,根长为9～10厘米,横径为6～7厘米,上部小下部稍大,4/5入土,皮纯白光滑,肉白色,质地细腻,味甜汁多,单根重150～200克。该品种抗逆性强,不易糠心,适宜秋季栽培。从播种到收获约需60天,每亩产量为2 500千克左右。

图3-4　枞阳萝卜

(7)界首青萝卜:界首地方优良品种(图3-5),有百余年的栽培历史,根形美观,质脆味甜,有"水果萝卜"之称。该品种为秋冬萝卜,生育期为

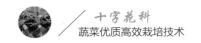
85天左右,缺刻较深,肉质根为圆筒形,根顶略小,肉质根长20厘米,横径为6～9厘米,一般单根重0.8～1.0千克,最大单根重达6千克,皮光滑美观,上青下白,青白比为4:1,肉淡绿色,质地细密极脆嫩。多汁,味甜、风味浓,适合生食、熟食。适应性强、抗病、高产,每亩产量在4000千克以上。

图3-5　界首青萝卜

（8）"心美1号":生长势强,肉质根皮色紫红,肉质色泽鲜艳,肉质根商品率高,商品性好,脆甜可口,不易糠心,抗病高产,适合生食。

2.冬春萝卜

选择耐寒、耐抽薹、不易糠心的品种,如"早春白玉""楚玉1号""丰美一代""南春白系列""成都春不老"等。

（1）"早春白玉":耐低温,抗抽薹,适于早春保护地或露地栽培。根表纯白,肉质细嫩。叶片浓绿,不易糠心,极少裂根。播种后60天可收获,不宜在高温或多雨季节播种。

（2）"楚玉1号":抗根肿病萝卜一代杂种。早熟,生育期60天左右,株型半直立,叶丛小,花叶,叶色深绿。肉质根呈长圆柱形,根长25～28厘米,

根径为7厘米左右,单根重1.5~2.0千克,表皮白色、光滑,皮痕小。抗根肿病,耐未熟抽薹,不易裂根和糠心,每亩产量在4 500~5 500千克,适合长江流域高山地区越夏和平原地区冬春季栽培。

（3）"丰美一代"：肉质根呈圆柱形或近柱形,单根重1.0~1.5千克。表皮光滑,出土部皮黄绿色,入土部皮白色,肉质白色,含水量较多,肉质细密,脆嫩,生食适口性好,微辣或无辣味；生育期70天左右,每亩产量在4 000~5 000千克；冬性较强,耐抽薹。

3.春夏萝卜

可选晚抽薹品种,如"白玉春"、蓬莱"春萝卜"、北京"炮竹筒"、南京"五月红"、日本"天春萝卜"等。

"白玉春"为早熟春萝卜品种,生育期为60天。叶簇半直立,叶色深绿。耐抽薹,糠心晚。根部全白,呈长圆筒形,根长22~40厘米,根径为6~10厘米。质脆,味甜,风味好,商品性佳,耐贮运。对黑腐病和霜霉病有较强的抗性。平均每亩产量为4 364千克。

4.夏秋萝卜

夏秋萝卜的栽培,旨在调节8—9月份蔬菜市场供应,应选择耐热品种,如"正大夏长白"、武汉"热杂4号"萝卜、成都"满身红"、"小钩白"、"夏抗40"、"夏长白2号"、"伏抗"、"旱红"等。

5.四季萝卜

四季萝卜的栽培可选适应性强、生长期短、抽薹迟的品种,如南京的"扬花萝卜"、上海的"小红萝卜"等。

"扬花萝卜"是南京著名地方品种(图3-6)。它较耐寒耐热,除严寒天气外,随时都可以露地播种。植株直立,板叶、绿色,根倒卵形,叶面附有白色茸毛,叶柄浅紫色、半圆形。肉质根小型,呈圆形或扁形,尾部锐尖,根长为2.5厘米,横径为2.3~3.5厘米,皮鲜红色,肉白色,收获时叶5~7

片,单根重15～20克,早熟、抗病,不易糠心,生长期为60～70天。

图3-6 南京"扬花萝卜"

二 栽培季节

按照栽培季节,萝卜栽培可分为春季栽培、夏季栽培、秋季栽培和越冬栽培,应根据品种特性适期播种。

1.春季栽培

2月上旬至3月下旬播种,4月上旬至6月上旬收获,生长期为50～70天。

2.夏季栽培

6月下旬至7月下旬播种,8月下旬至10月中旬收获,生长期为50～70天。

3.秋季栽培

8月上旬至9月中旬播种,10月下旬至12月下旬收获,生长期为

70~110天。

4.越冬栽培

露地栽培可于9月中下旬至10月上旬播种,12月中旬至3月上旬收获,大棚栽培可于11月上旬至12月下旬播种,2月至4月收获,生长期为110~140天。

三 整地施肥

选择前茬作物为豆类、瓜类、水稻、玉米的田块最宜。栽培田块土地须及早深耕多翻,打碎耙平,施足基肥,耕地深度根据品种而定,大型萝卜品种需深耕30厘米以上。萝卜生长中后期,直根发达,深入土中,如果基肥不足,在需肥时又遇到阴雨天而不能施追肥,植株就会发生缺肥现象,影响生长。施基肥时,通常每亩撒施腐熟的厩肥2 500~3 000千克、草木灰50千克、过磷酸钙25~50千克,耕入土中,肥土混匀,打碎耙平做畦。大型品种宜高畦栽培,畦高20~30厘米,畦间距50~60厘米,每畦种2行;中型品种,畦高15~20厘米,畦间距35~70厘米;小型品种多采用平畦栽培。

四 播种与栽培密度

大型品种每亩用种量为0.5千克,中型品种为0.8~1.0千克,小型品种为1.5~2.0千克。大型品种多采用穴播,中型品种多采用条播,小型品种可用条播或撒播。播种时有先浇水播种后盖土和先播种盖土后再浇水两种方式。平畦撒播多采用前者,适合寒冷季节;高畦穴播多采用后者,适合高温季节。

大型品种行距30~60厘米,株距20~30厘米;中型品种,行距25~30厘米,株距15~20厘米;小型品种,行距10~15厘米,株距8~10厘米。

五 田间管理

1.间苗定苗

萝卜出苗后,要及时间苗,否则幼苗细弱徒长,影响产量。以"早间苗、晚定苗"为原则,保证苗全苗壮。一般在第1片真叶展开时,进行第1次间苗,拔除受病虫侵害及细弱的幼苗、病苗、畸形苗和不具有原品种特征的苗,每穴留苗3～5株。当幼苗具2～3片真叶时,进行第2次间苗,每穴留苗2～3株。当具5～6片真叶时,每穴选留具有原品种特征的健壮苗1株,作为定苗,其余拔除。条播与撒播的,分别按预定的距离留苗。

2.中耕除草与培土

结合间苗进行中耕除草。第1次间苗时,浅中耕,锄松表土;第2次间苗时,深中耕,并培土。

3.追肥

萝卜施肥的原则为"基肥为主,追肥为辅"。在追肥量方面,应掌握"轻、重、轻"的原则。基肥充足而生长期短的萝卜,可以少施或不施追肥;大型萝卜生长期长,需分期追肥,但要着重在萝卜生长前期施用,在定苗后结合中耕除草,每亩施尿素8～10千克。肉质根生长盛期,每亩施三元硫基复合肥25～50千克;收获前20天内不应使用速效氮肥。

4.水分管理

萝卜的叶面积大而根系软弱,抗旱力较差,需适时适量地供给足够的水分,尤其在根部发育时,如遇气候干燥、土壤缺水,会使根部瘦小、粗糙、木质化、辣味增加、易空心,降低品质;如果水分过多,叶部徒长,则肉质根的生长量也会受到影响,并且水多易引起病害。因此,必须根据生长情况,进行合理灌溉。

(1)发芽期:播后充分浇水,土壤有效含水量宜在80%以上。干旱年

份,夏秋萝卜播后浇1次水,出苗浇1次水,齐苗浇1次水。

(2)幼苗期:此期遵循"少浇勤浇"的原则,土壤有效含水量宜在60%以上。在幼苗破白前的一个时期内,要少浇水蹲苗,以抑制浅根生长,而使直根深入土层。

(3)叶部生长盛期:此期要适量地灌溉,但也不能浇水过多,以防止叶部徒长及对根部的不利影响,以"地不干不浇,地发白才浇"为原则。

(4)肉质根生长盛期:此期充分均匀地浇水,则品质优良可丰产,土壤有效含水量宜在70%~80%。生长后期仍应适当浇水,以防止空心。

六 病虫害防控

1.主要病虫害

萝卜的病害主要有软腐病、病毒病、白斑病、黑斑病等,虫害主要有蚜虫、白粉虱、菜青虫、黄曲条跳甲、小地老虎、菜螟等。

2.防治原则

按照"预防为主,综合防治"的植保方针,坚持"农业防治、物理防治、生物防治为主,化学防治为辅"的原则。

3.防治方法

(1)农业防治:实行3~4年轮作;选用抗(耐)病优良品种;平衡施肥,施用经无害化处理的有机肥,适当少施化肥;深沟高畦,严防积水;在采收后将残枝败叶和杂草及时清理干净,集中进行无害化处理,保持田间清洁。

(2)物理防治:利用阳光晒种、温汤浸种;用黄板诱杀蚜虫、白粉虱等害虫;覆盖银灰色地膜驱避蚜虫;应用防虫网阻隔害虫;应用太阳能频振式灭虫灯诱杀蛾类成虫。

(3)生物防治:保护利用害虫的天敌,使用苦参碱等植物源农药和苏

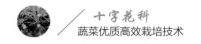

云金杆菌Bt等生物源农药防治病虫害。

（4）化学防治：

软腐病：发病初期，选用40%噻唑锌500倍液喷雾防治，每隔10天喷施1次，连续喷施2～3次；或14%络氨铜水剂350倍液，每隔10天喷施1次，连续喷施2～3次，还可兼治黑腐病、细菌性角斑病、黑斑病等，但对铜剂敏感的品种须慎用。

病毒病：用31%氮苷·吗啉胍可溶性粉剂500倍液或20%病毒A 500倍液喷雾防治。

霜霉病：用72%霜脲·锰锌可湿性粉剂800倍液，或50%烯酰吗啉可湿性粉剂1 600倍液防治。

白斑病：用50%多菌灵可湿性粉剂800倍液，或50%甲基托布津可湿性粉剂500倍液，或50%混杀硫悬浮剂600倍液，或40%多·硫悬浮剂500倍液，或80%代森锰锌可湿性粉剂800倍液等药剂喷雾防治，每隔7天喷施1次，连续喷施2～3次。

黑斑病：发病初期，可用50%异菌脲（扑海因）可湿性粉剂1 000倍液，或50%灭霉灵可湿性粉剂800倍液，或50%福美双可湿性粉剂500倍液，或40%灭菌丹可湿性粉剂400倍液，或64%噁霜·锰锌（杀毒矾）可湿性粉剂500倍液，或50%腐霉利（速克灵）可湿性粉剂1 000倍液，或70%代森锰锌可湿性粉剂400倍液等药剂喷雾防治，每隔7天喷施1次，连续喷施3～4次。

蚜虫：发生初期，选用10%吡虫啉可湿性粉剂3 000倍液与48%乐斯本乳油3 000倍液的混合药液进行喷雾消灭。

白粉虱、菜青虫：可用2.5%氯氟氰菊酯（功夫）乳油5 000倍液防治。

黄曲条跳甲：可用10%啶虫脒+哒螨灵700倍液，或37%联苯·噻虫胺750倍液防治。

小地老虎：用30%氰戊菊酯乳油10 000～20 000倍液防治小地老虎等

地下害虫。

（七） 采收

萝卜在肉质根充分膨大、叶色转淡开始变为黄绿时,便应及时采收。春萝卜播种后50～60天就要及时采收,否则很快就会抽薹,导致品质降低。秋冬萝卜类迟熟种、根部大部分露在地上的品种,需在霜冻前及时采收,以免冻害。

（八） 留种

留种方法分为大株留种法、中株留种法和小株留种法。

1.大株留种法

此法易保持品种特性和纯度,在采收时选择具有本品种特征特性、无病虫害的植株作为种株,地上部叶片留8～10厘米叶柄切除,放置2～3天后定植于采种圃或将种株贮藏到翌春定植,注意隔离、防冻、早春早管促早发,抽薹开花期注意肥水供应,并设支柱和摘心。

2.中株留种法

比大株延迟1个月播种,冬前选择具有本品种特征特性、无病虫害的植株作为种株栽于留种田,管理同大株。

3.小株留种法

早春于直播采种圃内,间拔劣株、过密苗,其他管理同大株留种。此法种子产量高、省工、成本低。为防止种性退化,宜用大株留种的种子作为小株留种的原种。

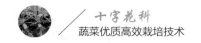

第二节 大 头 菜

大头菜又名疙瘩菜、芥菜疙瘩等,是芥菜的一种,为根用芥菜,是十字花科芸薹属芥菜中的一个变种。在芥菜类蔬菜中,根用芥菜适应性最强,我国各地均有栽培,其中又以云南、四川、广东、浙江、山东、辽宁等地种植较为普遍。大头菜是我国特有酱菜(如五香疙瘩头)的加工原料。用其加工成的咸菜头、酱菜,质脆味香,耐贮运,可出口。大头菜性温,味辛,具有宣肺豁痰、开胃理气的作用。芥菜叶中含有较为丰富的维生素A、维生素C、铁和钾。

一 品种选择

大头菜根部的形状及色泽变异很少,有3个基本类型。

圆柱形:肉质根纵径为16～18厘米,横径为7～9厘米,呈圆柱状,上下大小基本接近。如四川省的小叶大头菜、荷包大头菜和广东省的粗苗等品种。

圆锥形:肉质根纵径为12～17厘米,横径为9～10厘米,上大下小,类似圆锥形,如四川省的白樱子、重庆市的合川大头菜和江苏省的小五樱等品种。

近圆球形:肉质根纵径为9～11厘米,横径为8～12厘米,纵、横径基本接近。如四川省的兴文大头菜、马边大头菜和广东省的细苗等品种。

大头菜叶部依缺刻的深浅而分为板叶(枇杷叶)、裂叶(萝卜叶)、花叶(芝麻叶)等生态型。此外,生产中还应根据茬口时间选择早熟或晚熟的优良品种。

1.满源大头菜

"满源大头菜"是重庆市渝东南农业科学院选育的大头菜新品种(图3-7)。株高55～65厘米,开展度为65～70厘米,叶呈长椭圆形,叶色深绿,叶面微皱,无蜡粉,无刺毛,叶缘呈不规则粗齿状,裂片1～3对,肉质根呈近圆锥形,表皮较光滑,地上部皮色浅绿,地下部皮色为白色。该品种的显著特点是叶片直立,株型紧凑,耐肥,较抗病毒病和霜霉病,丰产性好。每亩定植5 000～5 500株,一般亩产量为3 500～4 000千克,高产栽培每亩产量可超过4 500千克。

图3-7　满源大头菜

2.圆润65

"圆润65"是中国农业科学院蔬菜花卉研究所选育的根芥新品种。生长期为65天左右,根球呈短圆锥形,表面光洁、圆润(图3-8)。植株较直

图3-8　圆润65

立,叶片呈长卵形,深绿色,叶缘重齿,叶面无毛,根球高15.7厘米、宽12.8厘米,根球重约1.0千克,一般每亩产量为3 500～4 000千克。

3.圆润68

"圆润68"是中国农业科学院蔬菜花卉研究所选育的根芥新品种。生长期为65～70天,根球呈短圆锥形,表面光洁、圆润(图3-9)。植株较直立,叶片呈长卵形,深绿色,根球高16.0厘米、宽13.0厘米,根球重约0.9千克。

4.缺叶大头菜

"缺叶大头菜"是四川省内江地方品种。株高49～53厘米,开展度为72～78厘米。叶长椭圆形,最大叶长61厘米,宽16厘米,深绿色,叶面平滑,无刺毛,蜡粉少,叶柄长17厘米。肉质根圆柱形,纵径为15厘米,横径为9厘米,入土约3厘米,地上部皮色浅绿,地下部皮色灰白,表面较光滑,单

图3-9　圆润68

根鲜重450～500克。每亩产量为2 500千克左右。

5.花叶大头菜

"花叶大头菜"是云南省昆明市地方品种。株高38～40厘米,开展度为45～48厘米。叶呈椭圆形,最大叶长38厘米、宽10厘米,绿色,叶缘全裂。肉质根呈短圆柱形,纵径为10.5厘米,横径为8.0厘米,单根鲜重350～400克,入土3.5厘米,地上部皮色浅绿,地下部皮色灰白,表面粗糙易裂口。每亩产量为2 500千克左右。

6.大五缨大头菜

"大五缨大头菜"是江苏省淮安市地方品种。株高35厘米左右,开展度

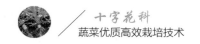
为33～40厘米。叶呈长椭圆形,最大叶长33厘米、宽12厘米,深绿色,叶面微皱,叶缘具浅缺刻。肉质根呈短圆锥形,纵径约12厘米,横径约10厘米,入土约3.0厘米,地上部皮色浅绿,地下部皮色灰白,表面光滑,单根鲜重350克左右。耐寒,抗病毒病。肉质根质地嫩脆,芥辣味浓,皮较薄。每亩产量为2 300千克左右。

7.马龙种大头菜

"马龙种大头菜"是浙江省的优良地方品种。叶子小而浓绿,叶柄淡绿色;块根重3千克左右,地上部紫红色,地下部白色,肉质紧实,品质佳,适宜炒食、加工或做饲料。耐寒、抗病,全生育期约120天,一般每亩产量为5 000～6 000千克,最高可达7 500千克。

二　栽培季节

大头菜的适应性较强,在我国南北各地的秋季和冬春季节均可栽培,一般均不会受高温或低温的危害,并耐短期霜冻,在长江流域及其以南地区可安全越冬,且对病毒病和软腐病有较强的抗性或耐受性。在平均气温介于24～27 ℃的季节,能正常生长,在平均气温介于9～10 ℃的霜期,也不致受冻。一般长到12～13片叶时,就停止抽生新叶,直根迅速膨大,直根的生育适温为10～20 ℃,在适温下,直根生长快,质量好。根用芥菜要求充足的光照,秋季阴雨连绵的年份产量低、品质差。大头菜播种期要求比较严格,播种过早,气温高(大头菜生长最适温度为15～20 ℃),易发生病毒病及未熟抽薹;播种过迟,遇低温生长慢,根部不易膨大,产量低。生产上一般只进行秋季栽培,北方地区一般在8月上旬前后播种,10月下旬至11月上旬收获。长江南岸各地则在8月下旬至9月上旬播种。育苗播种比直播早10天左右。

三 田地选择

应选择土层深厚、肥沃、排灌方便的黏壤土或壤土,且前茬未种过十字花科作物的菜地或水稻田作为种植地。

四 育苗

1.种子消毒

播种前选择晴天晒种1~2小时后,用1%高锰酸钾500倍液,或45%代森铵水剂300倍液,或3%中生菌素(农抗51)可湿性粉剂100倍液,浸种15~20分钟,捞起后洗净晾干待用,能有效杀死种子上携带的病菌,大大降低软腐病和黑腐病的发病率。

2.播种

大头菜可直播,也可育苗移栽。育苗移栽后肉质根常易分叉,影响品质,但苗期集中管理较方便,且可充分利用土地,为减少肉质根分叉,可用多带土早移栽的方法。直播大头菜肉质根须少,形状较整齐,产量也较高,生产上大多选择直播。

(1)直播。直播种子时,根据土壤干湿情况采用不同的方法。在土壤干燥的情况下,在墒面按种植密度挖约2厘米深的穴,种子点下后随即用腐熟细碎的农家肥覆盖并灌水;在土壤潮湿的情况下,在墒面按种植密度放草木灰,种子播在灰印上,一墒播完后,用小钉耙把种子梳入土中。每穴播种5~6粒。播种时将种子散开,以使出苗均匀。每亩需种子100~150克。

(2)育苗移栽。①苗床准备:播前半个月,深耕土壤25~30厘米并充分暴晒,然后每亩苗床施腐熟农家肥1 500~2 000千克或复合肥25~30千克,再耙细整平做畦,畦高20厘米,宽120厘米,并用敌克松或多菌灵药液喷施土壤消毒。②播种:每亩撒播种子300~400克,长出的苗可供15亩地

栽植。播后覆盖过筛的细土或堆肥,以不见种子为度,然后浇水,并覆盖稻草以防大雨或干旱。出苗后及时除去覆盖物。

3.苗期管理

(1)合理间苗:大头菜播种后一般3~5天即可出苗,第1片真叶展开时进行第1次间苗,除弱留壮;长至3~4片真叶时进行第2次间苗,将密苗、病苗、细弱苗除去,使每株苗间距在6厘米左右,防止拥挤徒长形成高脚苗,每株苗有一定的营养面积,这样才能培育出壮苗进行大田种植。

(2)水分:浇水在早晚进行,应以滴灌或微喷方式进行,不宜大水漫灌,以免积水发生渍害和引发病害传播。浇水以见湿见干为宜,不宜太湿,在干旱时浇水。

(3)追肥:在第2次间苗时,每亩用5~7千克尿素淋施。定植前10~15天,每亩施入复合肥10~15千克。苗龄30天左右,约5片真叶时定植。

(4)防治蚜虫:苗期防治蚜虫2~3次。

(五) 大田移栽

1.田块选择

大头菜对土壤要求不严格,但以富含有机质的保水保肥好的黏壤土为最好,肉质根易肥大,抽薹较慢,病毒病较轻;沙质土壤疏松,肉质根长得较光滑,侧根少,但因保水保肥能力差,易干燥和缺肥,肉质根易于木质化,不易肥大,且土温易升高,较易发生病毒病及抽薹现象。大头菜虽喜湿润环境,但在地下水位较高的土壤栽培,肉质根易生长不良,含水量较高,加工品质差,所以应选择排水、通气良好的土壤。

2.整地施肥

前茬作物采收后翻耕晒白,定植前15天,每亩施入腐熟有机肥1 500~2 000千克、复合肥50千克作为基肥,深耕土壤25~30厘米,翻耙拌

匀;容易积水的平地,需实行高畦栽培,以防止田间湿度过大引发病害,做宽1.2～2.0米、高15～20厘米的畦;坡地或排水良好的梯田也可做平畦栽培。

3.定植密度

依品种开展度大小不同,定植行距为37～47厘米,株距为33～40厘米,一般每亩栽3 000～5 000株。栽植过密,肉质根小于250克就不适合加工了。直播苗,在5～6片真叶时,按上述株行距定苗。

4.定植方法

定植时将幼苗直根垂直放于定植穴中央,埋土不要超过短缩茎处,使根不扭曲,不受损伤,将来肉质根才能生长整齐,少支根。

六 大田管理

1.追肥

适时追肥是提高大头菜抗性、防止早衰,夺取丰产丰收的关键措施之一。直播田在定苗后,移栽田在移植苗成活后3～4天开始第1次追肥,每亩施尿素8～10千克、磷酸二铵5～6千克,兑清水淋施,以后每隔7～10天施一次,连续施2次。在大头菜生长中期,每亩用氮磷钾三元复合肥(N-P-K为15-15-15)8～10千克配制成水肥淋施1～2次。在大头菜生长后期,叶面喷施0.10%～0.25%硼砂或硼酸和0.20%磷酸二氢钾。十字花科作物对缺钼反应最敏感,为防止后期大头菜缺钼导致叶片功能早衰,在根茎膨大初期可喷0.02%～0.05%钼酸铵水溶液。大头菜根茎露土后,每隔7天叶面喷施1次2%过磷酸钙＋黄腐酸水溶肥,增产效果明显。

2.水分管理

浇水不宜勤,坚持不旱不浇水。后期是根茎迅速膨大期,要保持土壤水分,浇水以见湿见干为宜。

3.中耕除草

从幼苗出土至封垄前,结合中耕拔除杂草,一般进行2～3次。

4.摘心促根

大头菜的抽薹、开花一般不需要经过低温阶段。如果播种较早,常在年前抽薹,会影响肉质根的产量及品质,因此应尽早摘除花薹。摘心应注意避免伤口积水,通常用锋利的小刀尽可能地靠近基部把花薹割掉,使断面略呈斜面,以防止积水腐烂。如花茎已长得很高了,就不能用刀割,只能用手把花蕾抹掉,因为此时的花茎已经中空,割断后雨露易进入,导致腐烂。

(七) 病虫害防控

大头菜的主要病虫害有病毒病、黑腐病、菜青虫、小菜蛾、蚜虫、黄曲条跳甲等。治病防虫必须以预防为主,治疗为辅,严格按照技术部门提供的病虫害防治方法用药。

大头菜幼苗期要注意防治蚜虫和病毒病,可叶面喷施1～2次蚜虱净2 500倍液、病毒A混合液800倍液进行防治。膨大期要注意防治菜黄螨、根腐病等,可叶面喷施农地乐1 500倍液、噁霉灵混合液2 500倍液进行防治。

生长期一旦发现软腐病和黑腐病,应及时拔除中心病株深埋,选用30%乙蒜素乳油500～1 000倍液,或3%中生菌素(农抗51)可湿性粉剂500倍液,或90%新植霉素可湿性粉剂3 000倍液全田喷药,并交替用药,提高防效。

菜青虫可每亩用金云生物杀虫剂100克,或1.8%害极灭乳油20～30毫升兑水50千克喷施;蚜虫可用2.5%扑虱蚜可湿性粉剂20～30克兑水50千克喷施,并严格遵守用药安全间隔期,采收10天前停止用药。

八 采收与采后处理

北方地区要在霜降前完成收获，南方各地一般在10月下旬到11月中旬进行收获。当基部叶子已枯黄，叶腋间抽生侧芽，肉质根由绿色转变为黄色，即应及时采收，以防止空心和烂根，影响品质。采收时用锄将大头菜挖起，再用利刀削去茎叶和侧根，即可销售。肉质根收获后作为加工用的，可将侧根削去，摘去老叶，只留7~8片嫩叶。如作为鲜菜食用，可将根与叶分开处理。

九 留种

大头菜易在12月及之前发生先期抽薹，留种不能用先期抽薹的植株，以免影响种子质量。留种田应适当晚播、稀植，花期用隔离网罩上。

第四章 芥菜类蔬菜

芥菜是十字花科芸薹属一年生、二年生草本植物,我国是芥菜的起源地或起源地之一。芥菜包括菜用芥菜和油用芥菜两大类,菜用芥菜包括茎芥、根芥、叶芥和薹芥4大类,共16个变种。芥菜的营养成分丰富,含有丰富的维生素A、维生素C、维生素B_2、磷、钙、铁等,尤其富含硫代葡萄糖苷,具有特殊的辛辣味,鲜食、腌渍口味均极鲜美。以不同类型及变种为原料,可制成各种加工制品,如榨菜是以茎瘤芥为原料制成的加工制品,与欧洲酸菜、日本酸菜并称为世界三大名腌菜;其他以叶芥为原料制成的雪里蕻、霉干菜,以根芥为原料制成的大头菜等,均是中国传统的加工制品。

▶ 第一节 叶用芥菜

叶用芥菜又名青菜、辣菜、腊菜、苦菜等,以叶片、叶柄或叶球(含中肋)供食用,鲜食和加工均可。叶用芥菜在我国南北各地广泛栽培,类型多、品种丰富,有大叶芥(图4-1)、小叶芥、白花芥、花叶芥、长柄芥、凤尾芥、叶瘤芥、卷心芥、结球芥(图4-2)、分蘖芥(图4-3)、宽柄芥(图4-4)等。叶用芥菜虽喜冷凉、湿润的气候条件,但仍然属于芥菜中适应性最强的一类,一般大型包心的变种对环境条件要求严格一些,而小型散叶或以幼苗供食用者,则适应性更强一些。

图4-1　大叶芥

图4-2　结球芥

图4-3　分蘖芥

图4-4　宽柄芥

一　品种选择

在栽培叶用芥菜时,应根据市场需求,选择优质、抗病、高产、耐抽薹、商品性好的品种。

1.皖芥3号

"皖芥3号"是安徽省农业科学院园艺研究所选育的分蘖芥新品种(图4-5)。植株塌地,平均株高82厘米,株幅88厘米。叶片绿色、边缘紫红色,花叶,倒披针形,叶裂刻为全裂,叶缘齿状为复锯齿,叶面无蜡粉,微皱,叶柄为绿色,叶柄横切面形状为细窄圆,不结球;叶柄脆嫩,香味浓郁,芥辣味适中,抗病性较强,较耐抽薹。平均单株鲜重1.7千克,亩产量在

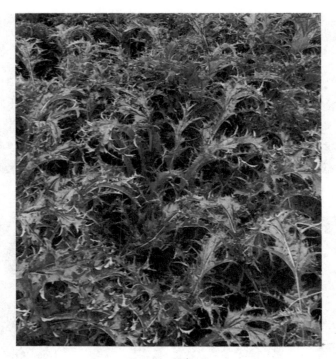

图4-5　皖芥3号

6 500千克以上。适宜腌制。

2.宽帮青1号

"宽帮青1号"是重庆市渝东南农业科学院选育的宽柄芥新品种(图4-6)。株高55～65厘米,开展度为60～70厘米,叶阔椭圆形,叶片绿色,叶面微皱,近全缘,中肋宽大肥厚,质地嫩脆,单株鲜重2.0～2.5千克,营养生长期为100～120天,不耐寒。亩产量为5 000～6 500千克,高产栽培的亩产量可超过7 500千克。

3.川芥2号

"川芥2号"是四川省农业科学院选育的杂交一代宽柄芥新品种(图4-7)。该品种晚熟,冬季露地栽培,营养生长期为160天左右,丰产性好;植株生长旺盛,株高54.5厘米,叶色浅绿色,具蜡质,叶柄宽厚,有蜡

图4-6　宽帮青1号

图4-7　川芥2号

粉,叶长72.2厘米,叶宽40.1厘米,中肋宽10.0厘米,单株鲜重3.9千克左右。亩产量在7 500千克以上。质地紧密细致,适宜泡菜加工。

4.华芥5号

"华芥5号"是华中农业大学选育的大叶芥新品种(图4-8)。该品种植

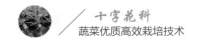

株开展,叶片亮绿,表面微皱,叶脉白色,叶色为较深绿色,有光泽,叶缘无裂刻;株高32.7厘米左右,株幅55.8厘米左右;外叶平均长42.8厘米、宽25.6厘米,叶柄长4.2厘米、宽4.5厘米,展开叶数约为13片,单株鲜重1.0~1.5千克。该品种耐抽薹,芥辣味浓,易感芜菁花叶病毒病。亩产量为4 500~6 000千克,适宜长江流域秋冬季栽培。

图4-8　华芥5号

5.清香碧玉

"清香碧玉"是中国农业科学院蔬菜花卉研究所选育的香芥菜一代杂交种(图4-9)。一般在秋季适温下播种,30天左右即可采收。清香味浓郁,生长速度快,植株较直立,叶片扇形、掌状脉纹、绿色、稍皱、缘有锯齿,叶柄细长、半圆形、浅绿。宜鲜食,适合素炒或做馅(尤其是饺子馅),风味独特,同时还是涮火锅的良好食材及做霉干菜的绝佳原材料。可叶、薹兼用。

6.渝芥优1号

"渝芥优1号"是重庆市渝东南农业科学院选育的大叶芥新品种(图4-10)。株高55~65厘米,开展度为60~65厘米,叶椭圆形,叶片绿色,叶面微皱,近全缘,中肋宽大肥厚,质地嫩脆,单株鲜重2.0~2.5千克,营养

图4-9 清香碧玉

图4-10 渝芥优1号

生长期为95～110天。亩产量为5 000～6 000千克,高产栽培的亩产量可超
过7 000千克。

7.JC1914

"JC1914"是福建省农业科学院作物研究所选育的宽柄芥新品种(图

4-11）。该品种株型直立,板叶,叶阔椭圆形,叶色绿,叶柄有蜡粉,叶柄白绿色,叶柄横切面形状宽扁,叶顶端圆形,叶缘波状,叶面微皱,芥辣味适中。定植40天后,株高为53.6厘米,开展度为59.0厘米,最大叶长为54.8厘米、宽为31.0厘米,叶柄宽4.22厘米、厚0.84厘米,平均单株鲜重0.6千克。亩产量在3 000千克以上。

图4-11　JC1914

8.福芥2号

"福芥2号"是福建省农业科学院作物研究所选育的宽柄芥新品种(图4-12)。株型半直立,花叶,株高70.4厘米,开展度为72.4厘米,叶片倒卵形,叶顶端圆形,叶缘波状,羽状深裂,叶面微皱,叶色绿。最大叶长66.7厘米、宽24.4厘米,叶柄有蜡粉、白绿色,叶柄长4.6厘米、宽5.6厘米、厚1.2厘米,叶柄宽扁,中肋宽4.9厘米、厚0.7厘米,平均莲座叶为13.2片。平均单株鲜重为1.7千克,亩产量5 500千克左右。抗病性强,产量高。

9.客家紫芥1号

"客家紫芥1号"是华中农业大学选育的大叶芥新品种。株高40～55厘米、开展度为80～90厘米,叶片长60～70厘米、宽35～40厘米,叶柄宽3～5

厘米,叶片倒卵形,叶缘波状,叶面平滑,叶面紫色、有光泽,叶脉浅绿色,株型紧凑。单株鲜重0.3~0.5千克,纤维少,质脆嫩,亩产量为3 000~4 000千克。适于鲜食及加工成干菜食用。

图4-12　福芥2号

二　栽培季节

叶用芥菜生长要求冷凉润温气候,生长适温为15~20 ℃。凡要求冷凉较严格的大型或包心的品种以秋播为主,即于9月上旬播种,12月前后收获;对高温适应性较强的品种可早秋播,即于8月播种,11月前后收获;抽薹迟的品种可晚秋播,即于10月播种,于翌年3月前后收获;凡易感染病毒病的品种可适当晚播,不易感染病毒病的品种可适当早播;凡不易抽薹、对高温适应性较强又以较小植株供食用的品种可于2—9月份播

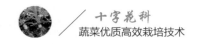
种,30～60天收获;冷凉地区或山区可提早播种,温暖地区或作为晚稻后作的可推迟播种期;早熟品种可适当早播,而晚熟品种可适当晚播。

三 播种育苗

1.播种

苗床应选择2～3年未种植过十字花科作物、地势向阳、排灌方便的地块,精细整地,消毒苗床,每亩苗床施腐熟的有机肥1 000～1 500千克,氮磷钾三元复合肥(N-P-K为15-15-15)10～20千克,并与消毒后的床土或药土混匀。

播种宜在阴天或晴天下午进行。播前进行苗床消毒,浇水使厢面湿润,将种子与细泥沙混合后,均匀地撒在苗床上。播后覆细土2～3厘米厚,压实以利出苗;早秋播种的应盖草保湿或搭荫棚(用草帘或遮阳网),种子出苗后,选择傍晚及时揭去覆盖物。

有条件的最好选择基质穴盘育苗,一般选用72孔或108孔的黑色塑料穴盘,将育苗基质装入穴盘后轻轻刮平,不可压实基质。在穴盘上打孔,打孔深度要一致,深度为种子直径的3～4倍(0.6～0.8厘米),随后将芥菜种子放入孔穴,每孔1粒,播完后用蛭石覆盖,厚度以刚看不到种子为宜,然后用喷壶浇透水,浇至穴盘下孔有水滴出。最后,用黑色遮阳网覆盖穴盘,避免阳光直射,以保水保温,促进出苗。

2.苗期管理

(1)出苗期:要保证基质或苗床含水量在95%以上,隔天给穴盘或苗床喷洒清水,保持穴盘或苗床基质表面湿润,以利于种子发芽破土。待出苗达85%时就要及时揭除遮阳网,以防止徒长,形成高脚苗。

(2)幼苗期:该期为培育壮苗的关键时期,管理要求高,控制基质或苗床湿度尤为重要,应保证穴盘基质或苗床表面白天高温时湿润,夜晚低

温时干燥,基质整天含水量不超过70%,避免幼苗异常徒长、发生猝倒病害。在幼苗达二叶一心时就要及时间苗,以保证其有足够的生长空间。

(3)成苗期:在育苗中、后期要结合抗旱,及时追施叶面肥或根灌肥促苗,防止干旱、缺肥,并及时防治立枯病、蚜虫、黄曲条跳甲、斜纹夜蛾和甜菜夜蛾等病虫害。

四 整地施肥

叶用芥菜对土壤要求不严格,各种土壤都可以栽培。为了获得高产,应选择保水保肥能力强,排灌方便,疏松、有机质含量高的土壤栽培芥菜。田块选定后,在定植前10~20天,每亩施入腐熟的有机肥2 000~3 000千克或商品有机肥200~300千克、过磷酸钙30~40千克、草木灰150千克,然后深翻25~30厘米,将肥料翻入土中,晒堡。定植前整细耙平,按品种栽植密度要求做畦,一般畦宽1.2~1.5米、畦高20厘米、沟宽30厘米,每畦种4~5行。山坡地,由于排水条件很好,也可不开深沟,只留出管理沟即可。

五 种植密度

幼苗具5~6片真叶、苗龄为25~30天时即可定植,晚秋播种的,在苗龄为40天左右定植。

定植的株行距因品种而异。一般早熟品种、植株开展度小的,行距为33~40厘米,株距为25~33厘米;中、晚熟品种或植株开展度大的,行距为40~46厘米,株距为25~33厘米。起苗前一天傍晚,将苗床浇足水,以便起苗时少伤根,定植时要选在阴天或晴天下午4时以后。定植前先按株行距开穴,然后将带土的幼苗移栽入穴中,立即用细土掩盖根系,并轻轻地将土压一下,让土壤与根系更好地接触,以便于根系吸收水和养分。栽好后立即浇定根水。

六 田间管理

叶用芥菜的生长期,绝大部分时间是在秋、冬季,江淮地区秋、冬季较为干旱,叶用芥菜的生长期正遇缺水季节,因此水分管理的重点是前期灌水,要做到旱能灌、涝能排,不能积水,否则根系会因缺氧而生长不良。大雨后,土壤容易板结,应及时松土和除草。水分管理可与追肥结合进行。叶用芥菜以叶供食,叶是营养器官,因此追肥应以氮肥为主,但也需适当配合磷、钾肥,以增强植株抗病能力,提高产量,特别是对以肥大中肋和叶柄为主要产品的品种类型更应适当追施磷、钾肥。追肥一般3次,每亩共施入20～30千克尿素,在定植成活后、开盘期、莲座期结合浇水分别施入总追肥量的30%、60%、10%。早秋栽培的叶芥,因前期气温较高,生长快,要及时追肥,特别是早熟品种早期不能缺肥。晚熟品种于春暖后需及时施肥灌水,以免提早抽薹。寒冷地区冬季不宜施追肥,否则易受冻害。收获前停止追肥和浇水,以免产品含水量过高而影响品质。

七 病虫害防控

1.主要病虫害

叶用芥菜的病虫害主要有病毒病、软腐病、根肿病、白斑病、黑腐病、黑斑病、蚜虫、小菜蛾、黄曲条跳甲等。

2.防治原则

以防为主,综合防治,优先采用农业防治、物理防治、生物防治,配合合理使用化学防治。严禁使用高毒、高残留农药,严格按照规定的浓度和安全间隔期要求进行。

3.防治方法

(1)病毒病:为病毒引起的病害,叶片变为浅绿、深绿相嵌的花叶状,叶脉褪绿或半透明,叶片皱缩,凹凸不平,叶片卷缩成畸形或向一边扭曲;叶片背面产生褐色坏死斑,叶脉上形成条状裂口;严重时病株矮缩,心叶扭缩成一团,下部叶片变黄枯死。病毒在种子、田间多年生杂草、病株残体上越冬,翌年通过蚜虫、接触等传播;高温、干旱有利于蚜虫的发生,也有利于病毒病的发生流行;在重茬、邻作有发病作物、肥料不足、生长不良等情况下发病严重;6~7叶以前的幼苗期易感病,成株期以后感病较少。防治方法:①选用抗病品种;②留种时,严格挑选无病种株,这样可减少翌年的病毒源,并减少种子带毒;③合理安排茬口,应避免与其他十字花科蔬菜连作或邻作,以减少传毒源;④秋冬栽培应适时晚播,使苗期躲避高温、干旱的季节,待不易发病的冷凉季节播种,可减轻病害的发生;⑤发病初期用药物防治,选用20%病毒A 400倍液或8%宁南霉素(菌克毒克)水剂500~800倍液喷雾防治,每隔7~10天喷施1次,连续喷施2~3次。

(2)软腐病:为细菌性病害。植株染病后,茎基部或近地面根颈部初呈水渍状不规则病斑,后病斑扩大并向内扩展,致内部软腐,且有黏液流出,发出硫化氢般的恶臭味。在干燥的条件下,腐烂的病叶经日晒逐渐失水变干,呈薄纸状,紧贴叶球。田间病株或土中未腐烂的病残体均可成为侵染源,通过雨水、灌溉水、带菌肥料、昆虫等传播,从植株的伤口侵入。生产上久旱遇雨,或蹲苗过度,浇水过量都会造成伤口而发病。地表积水,土壤中缺少氧气不利根系发育或导致伤口木栓化则发病重。此外,发病还与品种、茬口、播期有关,一般连作地或低洼地及播种早的发病重。防治方法:①选用抗病品种;②与禾本科作物、豆类作物等不易感病的作物轮作,忌与十字花科、茄科、瓜类作物连作;③整地施肥选用高燥地块,忌低洼、潮湿、黏重地,应用高垄、高畦栽培,忌平畦,增施腐熟的有机肥,防止肥料带菌;④适当晚播,避开高温多雨易发病季节,雨季及时排水、

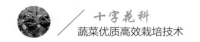
防涝,降低田间湿度;⑤发现病株,及时清除,携出田外,深埋或烧毁,病穴应撒生石灰消毒,田间管理中应尽量减少机械损伤;⑥及时防治病虫害,减少伤口;⑦发病初期,选用40%噻唑锌500倍液,或3%中生菌素500～800倍液喷雾防治,每隔10天喷药1次,连续防治2～3次,或14%络氨铜水剂350倍液,每隔10天喷药1次,连续防治2～3次,还可兼治黑腐病、细菌性角斑病、黑斑病等,但对铜剂敏感的品种须慎用。

（3）根肿病:患病蔬菜幼苗矮小,遇太阳照射,叶片易发蔫。拔出一棵病株检测,常常会发现根部长着一串串的瘤子,严重的则根系已经完全烂掉。防治方法:①进行3年以上的轮作,水旱轮作更佳;②根肿病严重地区最好不用草甘膦类除草剂除草;③发现病株,及时拔除,采取高温水煮晾干后统一烧毁,绝不能将病株留于田中或丢在其他区域,以防止病害蔓延;④苗床地用50%敌克松400倍液进行处理;调节土壤酸碱度,每亩用生石灰100～150千克均匀撒施于土表,通过整地充分拌于土中。

（4）白斑病:主要危害叶片。发病初期,叶面散生灰褐色圆形斑点,扩展后成圆形、近圆形或卵圆形病斑,直径6～18毫米,灰白色,斑面上隐约可见1～2道轮纹,周缘常有浓绿色晕圈。湿度大时,病斑背面产生稀疏的浅灰白色霉状物。发病严重时,病斑连片,形成不规则形大斑,致使病部干枯而死。防治方法:①重病地与非十字花科蔬菜进行2年轮作,平整土地,减少田间积水,增施有机肥,适期播种,及早摘除田间病叶,收获后清除病残体并深翻土壤;②种子消毒,可用50 ℃温水浸种15分钟,或用种子重量0.4%的50%福美双可湿性粉剂拌种;③可用50%多菌灵可湿性粉剂800倍液,或50%甲基托布津可湿性粉剂500倍液,或50%混杀硫悬浮剂600倍液,或40%多·硫悬浮剂500倍液,或80%大生可湿性粉剂800倍液,或80%喷克可湿性粉剂600倍液,或70%代森锰锌可湿性粉剂500倍液等药剂喷雾防治,每隔7天喷药1次,连续防治2～3次。

（5）黑斑病：为真菌性病害。主要危害叶片，病斑圆形或近圆形，淡褐色至褐色，同心轮纹不明显，周围有黄色晕圈，发病严重时，病斑会合，致使叶片局部或全部枯死，后期病斑处易穿孔。本病发生的轻重及早晚与连阴雨天气持续的时间长短及品种抗性有关，多雨高湿及温度偏低时发病早而重。防治方法：①选择抗病品种；②种子消毒，从无病种株上留种，或者将带菌种子用50 ℃温水浸种25分钟，之后立即移入冷水中，然后取出种子晾干播种，也可用种子重量0.3%的50%异菌脲（扑海因）可湿性粉剂拌种，或用种子重量0.4%的50%福美双可湿性粉剂拌种；③与非十字花科蔬菜轮作2年，同时安排茬口时，芥菜田尽量远离种植十字花科蔬菜的田块；④发病初期，可用50%异菌脲（扑海因）可湿性粉剂1 000倍液，或50%灭霉灵可湿性粉剂800倍液，或50%福美双可湿性粉剂500倍液，或40%灭菌丹可湿性粉剂400倍液，或64%噁霜·锰锌（杀毒矾）可湿性粉剂500倍液，或50%腐霉利（速克灵）可湿性粉剂1 000倍液，或70%代森锰锌可湿性粉剂400倍液等药剂喷雾，每隔7天喷1次，连喷3～4次。

（6）黑腐病：主要危害叶片。病斑多从叶缘开始，由外向内做楔状（"V"形）扩展，叶脉呈紫黑色病变，楔状斑外围具黄晕。严重时病斑会合，叶片变黄乃至枯死，不能食用。防治方法：①选用抗病品种；②种子消毒，用45%代森铵水剂300倍液浸种20分钟，水洗后晾干播种，或用种子重量0.4%的50%琥珀酸铜（DT）或琥珀酸铜·乙膦铝（DTM）可湿性粉剂拌种，或用20%喹菌酮1 000倍液浸种20分钟，水洗后晾干播种，或用77%氢氧化铜（可杀得）悬浮剂800～1 000倍液浸种20分钟，水洗后晾干播种；③加强肥水管理，及时防虫减少伤口；④及时喷药预防控病，可喷施20%喹菌酮可湿粉1 000倍液，或45%代森铵水剂1 000倍液，或77%可杀得悬浮剂800倍液，或50%琥珀酸铜（DT）、琥珀酸铜·乙膦铝（DTM）可湿性粉剂1 000倍液，每隔7～10天喷施1次，连喷2～3次，交替施用，喷匀喷足。

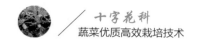

（7）蚜虫：俗称腻虫，属于半翅目害虫，主要以成虫、若虫密集于蔬菜幼苗、嫩叶、茎和近地面的叶背处，刺吸汁液，使作物生长发育不良，叶片卷缩、变黄、扭曲，并传播病毒引发病毒病，造成更大危害。防治方法：①及时清洁田园，做好基地沟渠和路边杂草清除工作，减少虫源；②悬挂黄板诱杀有翅蚜，覆盖银灰地膜避蚜，大棚里可利用防虫网阻隔防蚜；③在蚜虫发生初期，选用10%吡虫啉可湿性粉剂3 000倍液与48%乐斯本乳油3 000倍液的混合药液进行喷雾消灭，把蚜虫消灭在迁飞传毒之前。

（8）小菜蛾：初龄幼虫仅取食叶肉，留下表皮，在菜叶上形成一个个透明的斑，俗称"开天窗"，3~4龄幼虫可将菜叶食成孔洞和缺刻，严重时将全叶吃成网状。在苗期常集中于心叶处造成危害，影响包心。在留种株上，危害嫩茎、幼荚和籽粒。防治方法：①合理布局，尽量避免与十字花科蔬菜周年连作。收获后，要及时处理残株败叶；②小菜蛾有趋光性，在成虫发生期，可在田间放置黑光灯诱杀小菜蛾，以减少虫源；③采用细菌杀虫剂，如Bt乳剂600倍液，可使小菜蛾幼虫感病致死；④可选用灭幼脲700倍液，或25%快杀灵2 000倍液，或24%万灵1 000倍液，或5%卡死克2 000倍液进行防治，注意交替使用或混合配用，以减缓抗药性的产生。

（9）黄曲条跳甲：主要危害叶用芥菜幼苗，成虫咬食叶面形成许多小孔，出土幼苗的子叶被食，可导致整株死亡。幼虫危害菜根，将菜根表皮蛀成许多弯曲虫道，咬断须根。防治方法：可用10%啶虫脒+哒螨灵700倍液，或37%联苯·噻虫胺750倍液防治。

八 采收与采后处理

1.采收

根据市场需求适期采收，采收的产品可以是半成株，抑或是成株。成株应达到商品菜成熟标准且未抽薹。

2.采后处理

采收后及时整理,去除泥土、老黄叶及病残叶,并根据商品性的要求分级放好。用于加工的叶用芥菜,采收后应在原地晾晒2～3天再进行加工。

九 留种

叶用芥菜地方自交系品种留种,采用晚秋播种的植株留种,按品种特征特性选留种株,抽薹前施一次完全肥料,花期用隔离网罩上,防止与其他芥菜品种杂交。

▶ 第二节 茎用芥菜

茎用芥菜主要以膨大茎供食用。其有3个变种:笋子芥、茎瘤芥、抱子芥。笋子芥又名棒菜、笋子青菜、芥菜头、青菜,以其肥大的棒状肉质茎为主要产品器官,也有茎叶兼用型品种,因其肉质茎含水量高、质地柔嫩,所以主要供鲜食,也可加工成泡菜,其叶可加工成腌菜。茎瘤芥又称青菜头、包包菜,其显著特点是茎部发生变态,上面着生若干瘤状突起,形成肥大的瘤状茎(俗称"瘤茎"),瘤状茎经过专门腌制加工便成榨菜。抱子芥又称儿菜、娃娃菜,主要以其肥大的肉质茎及其侧芽供鲜食,也可加工成泡菜。

一 品种选择

鲜食的茎用芥菜应选用含水量高、质地柔嫩、品质优的品种,加工用的茎用芥菜应选产量高、含水量低、不易抽薹空心、形状整齐、较耐病毒病的品种。

1.皖笋芥1号

"皖笋芥1号"是安徽省农业科学院园艺研究所选育的笋子芥新品种

（图4-13）。植株半直立，株高66.7厘米，株幅为74.3厘米。叶片绿色，板叶，倒卵形。肉质茎呈笋子形或长圆柱形，皮色白绿，肉质茎横径为6.8厘米、纵径为29.0厘米，平均单茎重0.6千克。炒食脆嫩，肉质细腻不易糠心，芥辣味适中，也可鲜食或加工制作泡菜。正常管理条件下，每亩产量在3 100千克以上。

图4-13　皖笋芥1号

2.皖笋芥2号

"皖笋芥2号"是安徽省农业科学院园艺研究所选育的笋子芥新品种（图4-14）。植株半直立，株高67.5厘米，株幅为77.9厘米。基生叶数为15片，叶片绿色，板叶，倒卵形，无裂刻，叶面微皱、无蜡粉、无刺毛。叶柄为绿白色，叶柄横切面宽厚。肉质茎呈长纺锤形，皮色浅绿，肉质茎横径为7.1厘米、纵径为28.0厘米，平均单茎重0.8千克。肉质细腻不易糠心，芥辣味适中，可鲜食或加工制作泡菜。正常管理条件下，每亩产量在3 200千克以上。

(a)叶 　　　　　　　　　　　　　　 (b)肉质基

图4-14　皖笋芥2号

3.龙芥1号

"龙芥1号"是茎叶两用芥,由福建省种子总站选育。该品种从播种到采收上市需70~90天。株型直立,株高100~110厘米,开展度为35~40厘米;叶互生,叶片呈倒卵形、皱缩、深绿,叶柄两侧密生深缺刻羽叶。茎表皮浅青绿色,肉质乳白色,茎节间距3~4厘米,茎部肥大呈纺锤形,长30~45厘米,粗5~10厘米,单茎重350~600克。较耐热。每亩产量在2 000~3 000千克。"龙芥1号"虽然是茎叶两用菜,但在采叶后易留下伤口,尤其在雨天或潮湿的情况下,采后极易引起烂心(即软腐病),一般是整株收获。

二　栽培季节

茎用芥菜喜冷凉湿润气候,以秋播为主,一般于9月下旬至10月初播

种,10月上旬至11月初定植,不宜过早或过迟,过早易抽薹,过迟则影响产量。

三 播种育苗

培育壮苗是茎用芥菜防病丰产的重要措施。选择土层深厚、疏松、富含有机质、地势向阳、排灌方便的田块,避免选用种植过大白菜、甘蓝、儿菜等十字花科蔬菜的田块。具体参见本章第一节叶用芥菜的播种育苗相关内容。

四 整地施肥

栽植地宜选用保水保肥力强而又便于排灌的壤土,远离病毒源植物。茎用芥菜生长周期较长,一般需要4~6个月,需肥多,在定植前10~20天,每亩施入腐熟有机肥2 000~3 000千克或商品有机肥200~300千克,过磷酸钙30~40千克,草木灰150千克,然后深翻25厘米以上,将肥料翻入土中,晒垡。定植前整细耙平,开沟做畦,畦宽1.2米左右、沟宽30厘米、畦高20~30厘米,浇透底水后,铺盖地膜待定植。

五 种植密度

苗龄30~40天、有5~6片真叶时即可移栽定植,株、行距均为33厘米左右,每亩种植8 000~10 000株。移栽时带土移栽,将过长的根系用剪刀剪除。栽后遇干旱应注意浇(灌)水抗旱,确保活棵缓苗。

六 田间管理

1.肥水管理

茎用芥菜生长期长,需肥多,一般追肥3~4次。第1次追肥于栽后15天左右,苗已成活,一般亩施粪肥800~1 000千克,或尿素4~5千克加水

1 000千克浇施。第2次追肥于栽苗后40~50天,此时茎、叶的生长速度都很快,一般每亩用碳酸氢铵25千克、过磷酸钙20千克、氯化钾5千克加水1 500千克浇施。第3次追肥于栽苗后70~80天茎迅速膨大时,需增施钾肥,有利于茎膨大,减少空心,增进品质,每亩用尿素25千克、氯化钾12.5千克加水浇施,切忌撒施或单施氮肥,隔7天后,根据生长情况,可再追1次肥。

冬季如雨水过多,应及时开沟排水,做好防渍工作,同时清除沟边杂草,以防杂草与菜争肥。

2.中耕除草

定植成活后至植株封行前中耕1次(没有盖地膜的田块),结合除草,以促进生长。

七 病虫害防控

茎用芥菜的病害主要有病毒病、霜霉病、软腐病、黑斑病、黑腐病等,虫害主要有蚜虫、菜粉蝶、菜蛾、菜螟、甘蓝夜蛾、斜纹夜蛾、黄曲条跳甲等。

1.农业防治

避免与十字花科蔬菜连作,尤其避免在甘蓝类作物后茬种植。调整播种期,使菜苗3~5叶时与害虫盛发期错开。培育壮苗,做好田间通风排灌。适当浇水,增加田间湿度,既可抑制害虫,又可促进植株生长。冬前深耕、深耙,以减少田间虫源和越冬蛹。田间发现有受害的叶片应随时摘除并深埋。农事操作时,注意减少人畜和农机具与植株的摩擦,以减少植株伤口。

2.物理防治

用50%温水浸种25分钟进行种子消毒,冷却晾干后播种;小菜蛾有趋

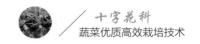
光性,在成虫发生期,每20亩放置1盏黑光灯或频振式杀虫灯,可诱杀小菜蛾;为避免有翅蚜迁入菜田传毒,采用银灰色地膜覆盖种植,也可在播种或定植前,间隔铺设银灰膜条避蚜。

3.生物防治

可采用苏云金杆菌、杀螟杆菌和青虫菌粉800~1 000倍液,或阿维菌素类药剂喷雾防治菜青虫、菜蛾、斜纹夜蛾等害虫;有条件的可在斜纹夜蛾卵期释放赤眼蜂,每亩地块选择6~8个放蜂点,每次释放2 000~3 000只,每5天释放1次,持续释放2~3次,使寄生率达到80%以上。防治软腐病,可用新植霉素4 000倍液,或47%春雷·王铜(加瑞农)可湿性粉剂600~800倍液喷雾防治。

4.化学防治

参见本章第一节叶用芥菜的病虫害防治相关内容。

（八）采收

茎用芥菜的产量、质量与收获早迟关系密切。采收过早,则菜头尚未成熟,产量低;采收过迟,则易抽薹,菜头含水量增高,纤维多,空心率高,加工产品质量差。应根据生长情况,在现蕾期及时收割。收获时抢晴天收割,并去泥、去杂、去长头、去病株菜头。

第五章

其他十字花科类蔬菜

▶ 第一节 荠 菜

荠菜又称护生草、地米菜、菱闸菜等,为十字花科一年生或二年生草本植物。荠菜是野菜中的珍品,以其嫩茎叶做蔬菜食用,被誉为"春天里的乡野美味""野味之上品"等,深受人们喜爱。荠菜不仅具有鲜美的味道,而且营养丰富,既可作为人们餐桌上一道美味的绿色蔬菜,又有一定的药用价值。荠菜因富含谷氨酸、丙氨酸、甘氨酸等呈味氨基酸而呈现出鲜美的味道,每100克荠菜中含蛋白质5.2克、脂肪0.4克、碳水化合物65克、钙420毫克、磷73毫克、铁6.3毫克、维生素C 55毫克,还含有黄酮类、生物碱和多种氨基酸等成分。荠菜的根、叶、花都具有药用价值,具有健脾、利水、止血、明目及降血压等功效。荠菜的生长期短,栽培技术简单,可以一次播种多次采收,种植起来省工省本,经济效益高,近年来成为农民首选栽培的名特优蔬菜之一。

一 品种选择

1.板叶荠菜

"板叶荠菜"即大叶荠菜。叶塌地生长,叶片平滑,羽状浅裂。基部叶近乎全缘,稍具茸毛。耐热、耐寒性均强。板叶荠菜生长速度快,高产优质,纤维较少,味道鲜美,具有较好的商品性。板叶荠菜冬性弱,抽薹开花较

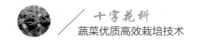
早,不宜春播,适宜夏季或秋季栽培。

2.散叶荠菜

"散叶荠菜"又名花叶荠菜、细叶荠菜等。叶片较窄小,叶缘缺刻深,羽状全裂,叶被茸毛,叶片较厚嫩,纤维少,香味浓郁,品质上乘。抗寒性一般,耐热性强,冬性强,适宜春播。

3.紫红叶荠菜

"紫红叶荠菜"的叶片塌地生长,叶片形状介于板叶荠菜和散叶荠菜之间。叶片、叶柄均呈紫红色,叶片稍具茸毛。香气浓,味鲜美。

二 栽培季节

荠菜可分别于春、秋季进行露地栽培。春季露地栽培于2月下旬至4月下旬播种,宜选散叶荠菜品种;秋季栽培一般在9月上旬至10月上旬播种,散叶荠菜和板叶荠菜品种都可。10月中旬至翌年2月上旬可进行大棚荠菜栽培。荠菜以秋季露地栽培最为适宜,产量高,品质好,春季栽培易抽薹开花。

三 整地施肥

荠菜种植田宜选用土壤肥力高、杂草少和排灌方便的田块,避免连茬,以减轻病虫害。结合整地每亩施腐熟农家肥2 000～2 500千克或氮磷钾三元复合肥25千克,翻耕15厘米深,整细耙平,开沟做畦,畦宽1.5～2.0米、畦高15～20厘米、沟宽30厘米。

四 播种育苗

1.种子处理

新采收的荠菜种,播种时应采取低温处理以打破休眠。可把新种子放在2～7 ℃的冰箱中,或用细砂将种子拌均匀后放到2～7 ℃处,处理7～9

天后,种子开始萌动时即可播种。

2.播种方式

荠菜的播种方式一般为撒播或条播,春播荠菜每亩需种子0.8~1.0千克,秋播荠菜每亩用种量为1.0~1.5千克。荠菜种子细小,撒播时将种子与2~3倍种子量的细沙土混匀,均匀撒于畦面上,覆1厘米厚过筛细土,镇压或用脚将畦面踩实,小水浇透,让种子紧密接触土壤,利于吸水出苗。荠菜条播时,在畦面上按行距10~12厘米开沟,沟深1.0~1.5厘米,沟宽5~6厘米。将种子均匀撒于沟内,将沟耧平,用脚踩实,小水浇透。

五 田间管理

1.播后苗前管理

江淮地区早秋天气炎热,秋季播种荠菜时,最好用遮阳网覆盖,无遮阳网覆盖条件的可用麦秸、稻秸等覆盖畦面,避免烈日暴晒,保持土壤湿润。待荠菜出苗后及时揭去覆盖物,以防幼苗徒长。

播种后至出苗前,要经常保持地面湿润,遵循"小水勤浇"原则,严禁大水漫灌。播种后10天左右出苗,出苗时若发现种子"戴帽"出土,量少可采用人工"摘帽"法,若"戴帽"严重,可在严重的部位撒1厘米厚的潮湿过筛细土进行二次顶土出苗即可。

2.间苗

间苗一般分2次进行,当幼苗长到2~3片真叶时进行第1次间苗,苗距4~5厘米;当幼苗长到4~5片真叶时进行第2次间苗,苗距8~10厘米。间苗的原则是"留大去小、留强去弱",剔除病苗、弱苗、小老苗。

3.水分管理

荠菜根系浅,生育期需要充足的水分,荠菜出苗后根据土壤墒情及时浇水。浇水的原则为"轻浇、勤浇",忌大水漫灌。多雨季节注意排涝防淹;

越冬前荠菜要控制浇水,以防止徒长,有利于安全越冬。

4.追肥

荠菜生长需氮肥较多,追肥的种类以氮肥和稀薄人粪尿为主,以"轻追、勤追"为原则。春播荠菜的生长期较短,一般追2次肥,第1次追肥在2片真叶时,每亩田块追施尿素4～5千克,隔20天左右进行第2次追肥,每亩田块追施氮磷钾三元复合肥(N-P-K为15-15-15)8～10千克。秋播荠菜生长期较长,可追3次肥,每次每亩田块追施腐熟的稀薄人粪尿液1 500千克或尿素4～5千克。

5.中耕除草

荠菜植株小,与杂草争肥争水能力差,一旦与杂草混生,除草工作费工费时,异常困难。因此,除应挑选杂草较少的田地种植荠菜外,在栽培管理中还应经常中耕除草,做到及早拔草、小草即拔。可结合荠菜采收挑除杂草,防止草害。

6.覆盖防寒

为利于秋播荠菜安全越冬,可在荠菜越冬期间用覆盖物覆盖或搭小拱棚进行保护地栽培,以提高鲜菜量。

六 病虫害防治

1.主要病虫害

荠菜的主要病害有霜霉病、病毒病等,主要虫害有蚜虫。

2.防治方法

(1)霜霉病。霜霉病多发生于夏秋阴雨之时,植株发病后,叶肉会出现沿叶脉的黄斑,黄斑慢慢变成褐色,由点成片,导致植株失去商品价值。此病害发展迅速,需及时采取药剂防治。防治方法:①清洁田园,疏通排水沟,防止田间积水;②及早消灭杂草,去除老株、病株,增强通风透光;

③化学防治，发病初期可用25%烯酰吗啉悬浮剂800倍液，或25%嘧菌酯悬浮液500倍液进行喷防，每隔7～10天喷施1次，连喷2次。

（2）病毒病。植株染病后，心叶向上卷曲，叶片变小、有花斑，有的叶片呈细线形，出现厥叶等。防治方法：①合理轮作，清洁田园，及时杀灭蚜虫这一病毒传播媒介；②一旦发现病株，及时拔除；③化学防治，田间采用8%宁南霉素600倍液，或20%盐酸吗啉胍可湿性粉剂500倍液，或5%菌毒清500倍液进行喷防，特别是毒株清除处要着重喷施，每隔5～7天喷1次，连喷2～3次。

（3）蚜虫。蚜虫危害后，荠菜叶片卷缩、叶色黑绿、叶背有油渍状，导致植株失去商品价值。防治方法：用1.8%阿维菌素2 000～2 500倍液、10%吡虫啉可湿性粉剂1 000倍液进行叶面喷防，每周喷施1次，连喷2～3次。

七 采收

秋播荠菜的采收可分多次进行，当荠菜有10～13片真叶时即可收获。采收时用小刀在荠菜根部1～2厘米处带根挖出，注意采大留小、采密留稀。采后要及时追肥、浇水，促进留下的荠菜继续生长。

八 留种

需建立单独的留种田进行荠菜制种，宜选用土壤肥沃、排灌方便的田块。留种田播种时应选择最适宜生长的气候条件，播种时温度在25 ℃左右，一般在9月下旬至10月初播种，每亩用种量为1千克左右，尽量稀播，适时间苗。翌年2月进行1次株选，选择健壮、生长旺盛的植株留下，拔除病株、弱株，保持株行距为12厘米×12厘米。此后追肥1次，再结合病虫害防治，叶面喷施0.3%磷酸二氢钾，以促进种荚生长。3月下旬即可抽薹现蕾，5月初可采种。适时采收是荠菜留种的关键，种荚达七八成熟时是最佳采收期。可在晴天的上午收割，晒1小时后搓出种子，晾干收仓，切忌暴晒。

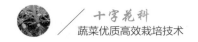
一般种子可贮藏2～3年。

▶ 第二节　独　行　菜

独行菜又名辣辣菜、英菜、沙芥、胡椒草等(图5-1),是十字花科独行菜属一年生速生草本植物,原产于伊朗。独行菜营养丰富,茎叶中含有丰富的维生素A、维生素C和维生素B_2,富含铁和钙。种子含脂肪油、芥子油苷、蛋白质、糖类等。作为蔬菜栽培,可采摘幼苗或嫩芽茎叶,用开水略焯后切碎凉拌,或做沙拉、炒食、剁碎包馅等。因其茎叶有特殊的清香,味辛辣,故还可用作调味料,放入鱼、肉、菜汤中,除腥增味,促进食欲。我国野

图5-1　独行菜

生独行菜资源分布范围较广,东北、华北、西北、西南及山东、安徽、河南等地的田野、山坡、荒草地中均可见。

一 品种选择

独行菜类型很多,有楔叶独行菜、宽叶独行菜、抱茎独行菜、北美独行菜等,栽培品种主要有以下几种。

1.普通独行菜

普通独行菜由野生独行菜驯化而来,栽培较为普遍。叶片较大,叶色深绿,产量较高;早熟,生长期为40~45天。

2.宽叶独行菜

叶片宽,叶形椭圆,叶缘有不规则的浅裂,叶长5厘米、宽2.5厘米,叶柄细长;生长期为45~50天,中熟,味较淡,品质一般,每亩产量为1 000~1 500千克。

3.矮生皱叶独行菜

叶片开张,叶边缘皱缩卷曲,似羽衣甘蓝的叶缘,叶柄相对较短,外观漂亮,尤适于做配菜;株形紧凑,耐寒力强,不易抽薹,生长期为60天左右。

4.窄叶独行菜

叶片较细,生长期为40~45天,早熟,味浓,品质好,每亩产量为1 000千克左右。适于腌渍食用。

二 栽培季节

春季和秋季均可播种独行菜,可分期播种,分期采收。露地栽培,江淮流域春季于4—5月份播种,秋季于8月下旬播种,过早播种,容易抽薹。

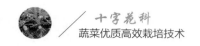

三 整地施肥

选择杂草少的地块，每亩施入腐熟有机肥2 000～3 000千克或商品有机肥250～300千克，耕翻15～20厘米深，整平耙细，开沟做畦，畦宽80～100厘米，沟宽30厘米。整地要细致，不要残留大土块在畦内。

四 播种

直播、条播或撒播均可，每亩用种量为1.5～2.0千克。条播，行距为10厘米，播种深度为1厘米，播后覆细土，稍加镇压，浇小水。

五 田间管理

独行菜播种后3～5天出苗，当第2片真叶出现后，间苗成株距10厘米，间去的苗可以食用。

独行菜生长期较短，一般不用追肥。要注意及时去除田间杂草，保持土壤湿润，以小水勤浇为原则。

六 病虫害防治

独行菜病害较少，主要虫害有黄曲条跳甲，可用50%杀螟腈乳剂1 000倍液或50%敌敌畏乳油1 000～2 000倍液喷施防治。

七 采收

播种后15～20天，当植株具有6～9片叶时，即可全株收获；以芽菜为生产目的的独行菜，播后10天即可以子叶状态收获上市；或者当植株高度超过15厘米到开花前，采摘嫩茎叶。

八 留种

留种田基肥要适当施用一些磷、钾肥。留种田一般在4月上旬播种，4

月下旬进行1次株选,拔除细弱和不符合本品种特征的杂株,保持10厘米×10厘米的株行距,追肥1次。6月下旬果实成熟时采收植株,晒干,打下种子,除去杂质,晒干种子后贮藏,常温下可贮藏5年。

▶ 第三节 芝 麻 菜

　　芝麻菜又称色拉菜和紫花南芥,别名芸芥、德国芥菜等,为十字花科芝麻菜属一年生草本植物,原产于地中海地区和西亚,我国西北、华北、华东等地有野生种,或作为油料作物栽培。我国部分地区素有食用芝麻菜的习惯,一般于春季采摘其嫩苗洗净,入沸水中焯几分钟,再用清水浸泡,挤去水分后可凉拌,可煮汤,亦可热炒,均色泽悦目,清香味美。芝麻菜营养价值高,含有丰富的膳食纤维和维生素C、β-胡萝卜素,以及钾、铁等元素,并含有芝麻油等具特殊芳香的物质。栽培作蔬菜,有板叶芝麻菜(图5-2)、花叶芝麻菜(图5-3),可食用部分为柔嫩的茎叶和花蕾,以生食为主,洗净上盘佐餐食用,香气四溢,能促进食欲。芝麻菜有一定的药用

图5-2　板叶芝麻菜

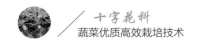
价值,可防治胃病、肾病及维生素C缺乏症。芝麻菜种子富含对人体有益的硫代葡萄糖苷,可采摘入药,具有健胃利尿、利肺止咳等功效,对久咳有一定的治疗作用。

图5-3　花叶芝麻菜

一　栽培季节

芝麻菜可露地栽培、水培或生产芽菜,在长江以南全年均可播种,但是以春季3—5月份和秋季8—10月份播种为佳,北方地区春季露地4—5月份分期播种,秋季8月上中旬分期播种。在寒冷的地区,也可以进行保护地栽培。

二　整地施肥

播种前施足底肥,每亩施腐熟有机肥1 000～1 500千克或商品有机肥200～300千克,耙细,起垄做畦,畦宽1.2～1.5米、畦高20～25厘米。

三 播种育苗

芝麻菜生长迅速,以直播为宜,可撒播或条播,条播行距为10厘米左右,每亩用种量为250～300克。播种后宜覆盖黑色遮阳网或其他覆盖物,并浇透水,3天后及时揭去遮阳网等覆盖物。

芝麻菜在播种后, 一般4～5天即可齐苗;3～4片叶时可结合幼株采收,进行间苗和定苗,拔去弱苗、劣苗,并清除田间杂草。

四 种植密度

采收菜薹的,以育苗移栽为主,3～4片叶时即可移栽,定植后的株、行距均为20厘米×30厘米。

五 田间管理

1.肥水管理

芝麻菜对水分需求较高,在生长期应尽量保持土壤湿润,除雨天外,均需要喷水,以保持叶片柔嫩、降低其浓烈的辛辣味和苦味。追肥以尿素或复合肥等速效肥为主,一般随水施入,每隔7天追肥1次。采收前5～7天不宜再追施肥水,以免影响品质。

2.温度和光照管理

保护地种植要注意调节温度和光照,冬春栽培在气温低于10 ℃时,宜搭建小拱棚或大棚增温保温。夏秋季节要采取降温措施,并于夏季11:00—15:00在棚顶覆盖遮阳网,或与玉米、高粱等高秆作物进行间作套种,并经常喷叶面水,以降温遮光,创造芝麻菜生长的最适条件。

六 病虫害防治

芝麻菜抗性极强,春、秋季栽培病虫害极少,常见的虫害主要有蚜虫、

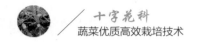

黄曲条跳甲、小菜蛾等。蚜虫防治可选用70%吡虫啉水分散粒剂6 000～8 000倍液，或25%噻虫嗪水分散粒剂4 000～6 000倍液，或50%抗蚜威可湿性粉剂2 000～3 000倍液等喷雾防治。黄曲条跳甲、小菜蛾防治可选用40.7%乐斯本乳油1 500倍液防治。夏季高温多雨时易发生叶斑病，可用25%多菌灵可湿性粉剂600～800倍液防治。

（七）采收

芝麻菜生长迅速，及时采收是丰产优质的关键。芝麻菜可采收外叶、菜薹或整株。播后35天左右即可采收小苗上市，一般每亩产量为1 000～1 500千克；作菜薹采收的，一般在移植或定苗后45天左右开始采收，每亩产量为1 500～2 000千克。产品可分批、分阶段上市，去除老叶、病叶、残叶，切除根部，清洗，包装好即可上市。